U0044025

全方位茶職人30餘年心血結晶，
從種茶、製茶、飲茶，告訴你烏龍茶風味的秘密

烏龍茶的世界

陳煥堂、林世偉———著

OOLONG TEA

台灣茶產區海拔高度示意圖

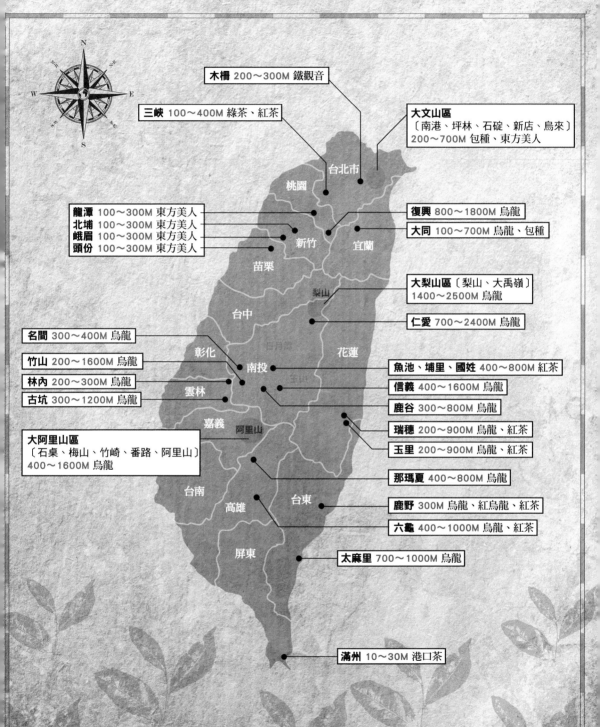

木柵 200～300M 鐵觀音

三峽 100～400M 綠茶、紅茶

大文山區
〔南港、坪林、石碇、新店、烏來〕
200～700M 包種、東方美人

龍潭 100～300M 東方美人
北埔 100～300M 東方美人
峨眉 100～300M 東方美人
頭份 100～300M 東方美人

復興 800～1800M 烏龍

大同 100～700M 烏龍、包種

大梨山區〔梨山、大禹嶺〕
1400～2500M 烏龍

仁愛 700～2400M 烏龍

名間 300～400M 烏龍

竹山 200～1600M 烏龍

林內 200～300M 烏龍

古坑 300～1200M 烏龍

大阿里山區
〔石桌、梅山、竹崎、番路、阿里山〕
400～1600M 烏龍

魚池、埔里、國姓 400～800M 紅茶

信義 400～1600M 烏龍

鹿谷 300～800M 烏龍

瑞穗 200～900M 烏龍、紅茶

玉里 200～900M 烏龍、紅茶

那瑪夏 400～800M 烏龍

鹿野 300M 烏龍、紅烏龍、紅茶

六龜 400～1000M 烏龍、紅茶

太麻里 700～1000M 烏龍

滿州 10～30M 港口茶

台北市
桃園
新竹
宜蘭
苗栗
台中
梨山
彰化
南投
花蓮
雲林
嘉義
阿里山
台南
高雄
台東
屏東

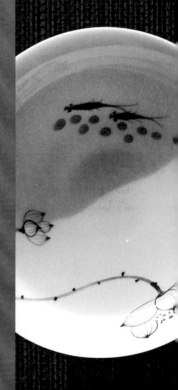

茶覓知音

陳煥堂、林世偉

什麼是茶？擂茶、冬瓜茶、仙草茶、人蔘茶、博士茶（Rooibos）、苦茶、菊花茶、涼茶、蜜茶、薄荷茶、明日葉茶、苦丁茶、花果茶、馬黛茶（Yerba mate）……，世界上作為飲料的植物眾多，大抵是以植物的根、莖、葉、果實、花等不同器官為原料，有的將新鮮的原料直接加水喝，有的經過熬煮後飲用，有的透過日曬或烘烤乾燥後再加以利用。無論是哪一種形式，許多國家和民族，習慣上都會將可飲用的植物加工品稱之為「茶」。

但這裡我們談論的茶，是指學名 Camellia sinensis 的一種多年生木本常綠植物——茶樹。在植物分類學中，它屬被子植物門（Angiospermae），雙子葉植物綱（Dicotyledoneae），原始花亞綱（Archlamydeae），山茶目（Theales），山茶科（Theaceae），山茶屬（Camellia）。以茶樹新梢嫩芽、嫩葉或成熟葉為原料，透過不同製造方式所生產的農產加工品。至於其他被冠上「茶」這個稱謂的種種飲品，不論是作為藥用、日常飲料或是保健飲品，狹義來說都不是茶。

最早關於茶的使用記錄，應為西漢時期《神農本草經》所記載的：「神農嘗百草，日遇七十二毒，得茶而解之。」此處的「茶」就是「茶」的古字。西漢王褒《僮約》一文中記載的「武陽買茶」，則是公認首篇有關茶葉交易的文獻。然而晉代郭璞將《爾雅》中記載的「檟、苦茶」解釋為「樹小似梔子，冬生，葉可煮作羹飲」，「冬生」一句與當今的茶樹有不同的生理特性。因此眾多古文獻中所記載關於茶的內容，定義究竟是不是今日我們所談論的茶，還有待考證。

茶葉依照加工方式的不同，茶可分為六大基礎茶類，這六大茶類依照發酵程度的不同，有不發酵茶、半發酵茶、全發酵茶與後發酵茶。以六大茶類

為原料再加工所生產的茶類，稱為再加工茶類；花茶、緊壓茶、速溶茶、罐裝飲料茶、果茶等茶類皆為再加工茶類。

唐代陸羽所著《茶經》，系統性地描述關於茶葉的栽培、採摘、製造、煎煮、飲用、歷史、產地與功效，是世界上首部茶葉專書。《茶經》問世已經超過一千年的歷史，陸羽在茶經中的論述至今仍具有相當的參考價值，可見陸羽卓越的自然觀察與歸納能力。經過一千多年來的演進，如今茶葉的產製與陸羽著書時相比有非常大的改變，茶經的內容不宜擴大用於解釋各種茶類。

福爾摩沙茶在全球享負盛名，不論是否有喝茶的生活習慣，只要講到茶，沒有一個台灣人不引以為傲，但要再更深入地談茶，絕大多數人卻說不出個道理來。主流媒體和消費市場是大眾取得茶葉相關訊息的管道，可是在龐大的商業利益推動之下，眾口鑠金，諸多資訊往往偏離事實。

台灣諺語中「文章、風水、茶」被認為最難懂。茶葉的生產與製造牽涉到自然環境，而大多數寫茶的文章只是點到為止，搔不到癢處。而從業者又往往只知其一，不知其二，無法將各種相關聯的因素釐清，消費者無法建立合理的邏輯，也難怪茶這麼難懂。

與葡萄酒、咖啡等同為農產加工品的嗜好性飲品相比，茶是其中受天候及製程影響最大的。採摘日的天候，是上午採摘或是下午採摘；即使是同產區，種在向陽坡或背陽坡，對製程判斷都會有很大的影響。製茶師的手法輕重、各階段製作時機的拿捏，製作環境的差異，也再再影響著茶葉最後成品的品質。即使是同產區，同一品種，同一採摘時間，同樣的製程，若是製作當時的天候或時間掌握略有不同，結果就會不同。極端一點說，甚至可以到每泡茶都可能有所不同的程度。所以，許多深入瞭解茶葉的愛茶人，會將茶葉視為是一種藝術品。愛茶人尋茶，茶也覓知音，製茶師尋找品質優良的茶菁，根據不同茶菁的適製性配合適當的製程，引出各個茶湯獨特的香氣和滋味。愛茶人在漫漫茶海中，一泡泡開湯試飲，找到最合自己喜好的那泡茶，所以茶界才有「找茶」這種說法，這種屬於愛茶人獨特的樂趣。

就因為每一次的做茶都是那麼獨一無二，我們很難將茶葉以工業化的方

式，系統地硬性規定鐵觀音、凍頂烏龍等不同的茶型，就該有什麼一定的香氣或滋味，但對什麼是好茶，卻有一定的標準。在沒有接受完整的茶學訓練之下，大多數的消費者對於品質好壞優劣的判斷，往往是透過媒體或是銷售人員養成建立。在商業掛帥的社會中，消費者接收到大量快速傳播的資訊，往往與事實脫鉤。銷售端作為消費者與生產者之間的橋樑，卻沒有足夠的專業知識教育消費者如何識茶，並且以外行身分指導生產端該如何製作，導致市場亂象層出不窮。茶該怎麼種？怎麼做？怎麼喝？希望在這本書中，能為讀者開拓新的視野。

這本書的完成，感謝世仁、政豪、昆都、坤助、佳章的幫忙，在此致謝。

陳煥堂、林世偉

Chapter 1

品種、產地、季節、栽培

烏龍茶的基礎知識

認識六大茶類的異同，是系統性地學習、理解茶葉知識的起點。茶葉之所以會分成六大類，是因為不同的茶類，有不同的製作方式，在適製品種、採摘標準、製作工序都有所不同，品質特色也大異其趣，因此在沖泡、品飲及評鑑的方式上也會有所差異。試想，如果端的是杯發酵程度適中，帶有成熟果香的烏龍，卻硬要說它缺少綠茶的清新豆香，那豈不是錯把馮京當馬涼，糟蹋了一杯好茶？

依照成品特色的不同，六大茶類可區分為綠茶、黃茶、白茶、青茶（烏龍茶）、紅茶和黑茶。近年隨茶葉製造方式的創新，另發展出有別於六大茶類製造方式的「GABA茶」[1]、「紅烏龍」[2]問世。品飲各種不同的茶，就像品嘗各國的美食，應該以不同的角度欣賞。至於該如何欣賞，就得從瞭解各不同品種茶葉的內含物質與加工方式開始。

茶樹品種就葉子的性狀可分為「大葉種」、「中葉種」與「小葉種」，它們的葉肉組織都不相同。一般的大葉種茶樹「茶多酚」含量較高，較為苦澀，適合製造發酵度高的茶類，以降低苦澀程度，如紅茶；小葉種茶樹多酚類含量較低、低沸點

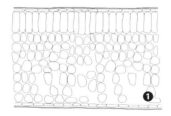 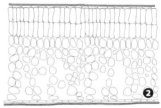

❶大葉種茶樹的海綿組織發達，含有較多的茶多酚類，適製紅茶。
❷小葉種茶樹的柵狀組織發達，含有較多的香氣物質，適製綠茶、青茶。

進入烏龍茶世界的基礎

認識六大茶類

綠茶與黃茶為不發酵茶；白茶與青茶（即烏龍茶）為部分發酵茶；紅茶為全發酵茶；黑茶（普洱茶是其中一種）為後發酵茶。六大茶類中，以烏龍茶半發酵茶的工序最為複雜，所以滋味最豐富多元。

的香氣物質含量較高，適合製造不發酵的綠茶或半發酵的青茶；中葉種的特性則居於大葉種與小葉種之間（見表1）。不過這都是就一般而言，其實視各地風土、氣候條件及製作方法，製茶師傅都有可能自由組合。例如最近幾年在台灣盛行的「小葉種紅茶」，就是因夏季茶菁的茶多酚含量高，若製為發酵度低的茶會較苦澀，故將一般用來製作青茶的品種改製成發酵程度較高的紅茶。

●大葉種茶葉長約10公分以上，中葉種8-10公分，小葉種6公分以下。

世界上主要製造發酵度低的綠茶或黃茶的產地，緯度通常較高，氣候較為寒冷；而適製高發酵度的紅茶產區，大多位於緯度較低，氣候較炎熱的地區。

表1：大、中、小葉種茶葉內含物質及適製茶類比較表

品 種	適 製	多酚含量	香氣物質含量
大 葉	紅 茶	高	低
小 葉	綠茶、青茶	低	高

◎視各地風土、氣候條件及製法，不同品種的茶樹，適製茶種也可以自由組合

六大茶類中，綠、黃、白、紅、黑茶以採收嫩芽或帶芽的嫩葉為較佳

① GABA茶中文名為佳葉龍茶，這種茶的製法是一九八七年由日本人津志田博士所發現。津志田博士在研究茶葉內含胺基酸成分時發現，如果在無氧的狀態下讓茶葉發酵，會產生高含量之γ－胺基丁酸，英文簡稱GABA。GABA有良好的保健功效，有鎮定神經、降低血壓等多重功能，因此近年來頗受各界青睞。
② 見本書134頁，〈番庄烏龍與紅烏龍〉一文。

的鮮葉原料；只有青茶類，除了白毫烏龍是以著蜒（被小綠葉蟬叮咬）的帶芽嫩葉為最佳採摘原料，其餘如木柵鐵觀音、文山包種、凍頂烏龍、高山烏龍、武夷岩茶、安溪鐵觀音等，均以形成駐芽的成熟葉為最佳原料。

茶葉的嫩芽及嫩葉，含有比例較高的胺基酸與多酚類物質，在成熟葉中，含有較高的醣類及香氣物質。胺基酸是甘味的來源，多酚類則具有澀味及苦味，醣類具甜味，不同的茶種透過製造加工，會促進葉子內含物質的化學變化，構成六大茶類的不同風味（見表2）。

表2：茶葉嫩芽及成熟葉內含物質比較表

	多酚（苦、澀）	胺基酸（甘）	醣類（甜）	香氣物質
嫩　芽	高	高	低	低
成熟葉	低	低	高	高

加工過程中，決定茶葉風味的各種物理化學變化，其中最重要的莫過於茶葉的「發酵作用」。

在茶葉製作過程中所謂的發酵，與一般認知由微生物作用而產生的發酵意義不同。茶葉「發酵程度」的定義是指茶菁原料在製成成茶後，兒茶素總量減少的百分比（見表3）。兒茶素是多酚類的一種，它在葉內酶（蛋白質）的催化下，會氧化為新的多酚類。這個兒茶素的氧化過程，伴隨茶葉內的蛋白質水解為胺基酸、糖苷類產生香氣等機制。這就是茶葉製程中所謂的發酵，可說是製茶過程中最重要的化學反應，它決定了茶湯最後的香氣與滋味，因此發酵程度的百分比便成為區分茶葉的主要指標。

綠茶與黃茶為不發酵茶；白茶與青茶（即烏龍茶）為部分發酵茶；紅茶為全發酵茶；黑茶（普洱茶即為其中的一種）為後發酵茶，不同茶類在各不同產區會有不同的細部製造技術。然而，黑茶的製造雖然在前段與綠茶類似，可是形成黑茶品質特性的發酵作用，主要靠的是渥堆過程中微生物與黑茶的毛料發生的化學變化，與青茶和紅茶的「發酵」在意義上截然不同，所形成的發酵產物也有很大的差異。

表 3：茶葉的發酵程度，指的是茶菁製成成茶後，兒茶素總量減少的百分比

$$發酵程度\% = \frac{鮮葉兒茶素總量 - 成茶兒茶素總量}{鮮葉兒茶素總量} \times 100\%$$

■ 講究嫩採鮮喝的不發酵茶——綠茶

全世界綠茶產量最多的地區為中國，綠茶也是中國生產最多的茶類，綠茶的商品名稱超過百種，洞庭碧螺春、西湖龍井、黃山毛峰、六安瓜片、信陽毛尖與廬山雲霧，中國十大名茶中，綠茶就占了六種，可見綠茶在中國的重要性。

綠茶講究要採摘嫩芽或帶芽嫩葉，高級的洞庭湖碧螺春，光是五百公克的茶乾，就需要採六至七萬個茶芽，可見其採摘有多麼細緻。

茶樹的嫩芽及嫩葉中含有大量的胺基酸、咖啡因與多酚，構成綠茶鮮爽甘甜與略為苦澀的口感。綠茶採摘後為了避免發酵，影響茶的風味，會直接殺菁，以停止茶葉的發酵反應。就是因為如此，原料的內含物質，往往就決定了茶的品質，所以綠茶生產才會特別著重產地的優越性及採摘時間點。高海拔、高緯度、短日照、低氣溫的生長環境，是促進葉內胺基酸累積，與抑制苦澀多酚類合成的環境；同樣也生產綠茶的日本，「玉露茶」就是利用遮蔭技術，來提升芽葉內的胺基酸與降低多酚類的含量。

喝綠茶講究「明前」或「雨前」，意思是在清明或穀雨之前採收的綠茶品質較好，因為此時節在中國主要的綠茶產區中，茶芽處在一個低溫且日照仍短的氣候條件下，所以滋味特別甘甜，品質也最好。在此期間之後的茶葉，則因日照長，胺基酸減少，苦澀的多酚變多，香氣、滋味都隨之下降。綠茶以新鮮的毫毛香、海苔香、蔬菜香與綠豆香為香氣主體，這些香氣會隨著陳放的時間與環境氧化而劣化。綠茶的苦澀感較強，適當的濃度及以低溫沖泡，有助於提升品茶時的口感。

■中國特有的甜醇不發酵茶──黃茶

黃茶幾乎可說是中國特有的茶類，君山銀針是市場上最為著名的黃茶，同時也是中國十大名茶之一。

黃茶與綠茶在茶葉品種上幾無二致，最大的差異在製造時的工序。黃茶在殺菁之後，多了一道「悶黃」的工序，表現出有別於綠茶的「黃湯黃葉」。殺菁工序會徹底破壞茶葉內酶的活性，而悶黃工序會使酶的活性增加，但是此時的酶為製茶環境中的微生物所分泌，而非葉內原有酶類。在悶黃的過程中，葉綠素在溼熱的條件下氧化，形成了茶湯及葉底較黃的色澤；而苦澀的多酚類物質在溫度及溼潤的環境下，產生水解或是氧化，使茶湯的苦澀程度降低，變得較為醇和。悶黃也可促進茶葉內多醣的水解，以及讓蛋白質水解為胺基酸，有助於茶湯的滋味和香氣形成。

黃茶的製造是在綠茶的加工基礎上再加以改良，若將同樣的原料分別製成綠茶與黃茶加以比較，黃茶茶湯較為甜醇，綠茶茶湯較為鮮爽。綠茶與黃茶都屬於採摘茶菁成熟度低的不發酵茶類，皆帶有比較強的刺激性。

■清甜鮮爽的部分發酵茶──白茶

白茶歸類於半發酵茶，主要產地為中國福建，如白毫銀針、白牡丹、壽眉、貢眉等。一般白茶都是選用毫毛多的大葉種茶樹，製成的白茶白毫顯露，芽頭肥壯。白茶的加工只有「萎凋」與「乾燥」兩道程序，長時間的萎凋，是構成白茶品質特徵的重要工序。

●在無直接日照處長時間萎凋，是白茶最重要的製造工序，一般萎凋時間可長達數十小時。

在相對低溫的環境下萎凋，是製作白茶很重要的氣候條件。因為溫度是決定酶活性的關鍵因素，若氣溫過高，萎凋時茶葉中的酶活性會急遽增加，使得多酚類的氧化太劇烈，茶葉與茶湯就會紅變或褐變。透過長時間且

低溫的萎凋，讓多酚類物質緩慢地氧化，讓葉綠素逐步分解，才能使白茶外觀呈現灰綠色或灰橄欖色，且毫毛顯露。此外，若是萎凋速度過快，會使得芽葉迅速失水。若太早進行乾燥，則會讓葉綠素降解及酶促氧化這兩項構成白茶品質的生化反應無法正常進行。

多酚類的酶促氧化，是構成白茶滋味很重要的部分，若萎凋掌握得當，多酚類氧化過程和緩，則形成的氧化產物會呈現淡色，同時在其他酶類的參與下，使多酚類形成部分的淡黃色產物，因此茶湯呈現杏黃色。

●位於福建省福鼎市點頭鎮的白茶產區。

白茶茶葉中的蛋白質隨著萎凋失水，水解酶活性增加，會水解為胺基酸，為白茶提供鮮爽的滋味，並且在乾燥過程轉化為香氣。澱粉和果膠的水解則會增加可溶性醣類的含量，但長時間的萎凋，呼吸作用又會消耗部分的醣類，使得醣類的含量在製造過程中下降，因此茶湯的甜度與濃稠度不及同屬部分發酵茶類的青茶類。

多酚類的氧化、胺基酸的增加及嫩芽葉中豐富的咖啡因，造就白茶清甜、鮮爽及醇和的滋味，肥壯的白毫除了視覺上的享受，複雜的毫香更是白茶的香氣骨幹。

▇ 滋味最豐富多元的半發酵茶──青茶

台灣的文山包種、凍頂烏龍、木柵鐵觀音、白毫烏龍；中國閩北武夷岩茶、閩南安溪鐵觀音、廣東鳳凰單欉，這些茶在六大茶類的分類中，統稱為「青茶」，外國人則將此茶類全統稱為「烏龍茶」（Oolong tea）。青茶可說是六大茶類中，表現方式最為豐富多樣的一種，隨著茶樹品種、採摘成熟度

與製作工藝掌握的不同，可表現出各式各樣天然的花香與果香，風采萬千。

青茶屬部分發酵茶，外觀有條型、有半球型、有球型，其特殊且富含技術性的一系列曬菁、涼菁、搖菁、炒菁工序，是構成青茶品質的關鍵。在其他的章節裡，我們將更深入探究青茶的生產、製作與品飲等細節。

■飲用度最廣泛的全發酵茶——紅茶

關於紅茶的誕生，有一段這樣的故事：明末戰亂，產茶的武夷山桐木關星村鎮有清兵來犯，村民只有急忙丟下採收回來的茶菁逃難。入侵的清兵們晚上就睡在這批茶菁上，翻來覆去。隔天官兵離開後，村民覺得將這批茶菁丟棄也可惜，索性將茶菁用松木烘乾，仍然製成茶葉，卻意外地製作出迥異於過去茶湯的香氣與滋味，紅茶遂從此誕生。這就是廣為人知的「正山小種」的故事。

擱置在茶廠的茶菁，經過白天的萎凋，晚上官兵又躺臥在茶菁上，對茶菁造成一定程度的破壞，再加上體溫促進茶葉的發酵。這個故事即使是後人杜撰，也的確將紅茶的製作過程描繪得十分傳神。

雖然紅茶的起源地是以小葉種茶樹製造，不過當今世界上大部分的紅茶採製都是以大葉種茶樹為主。傳統的「工夫紅茶」採收小葉種茶樹帶嫩芽的一心多葉，豐富的內含物質，經過萎凋、揉捻、發酵及乾燥工序，製作成外觀呈條索狀的紅茶。供應全球大部分紅茶消費市場的紅茶生產國印度及斯里蘭卡，則是生產大量的「碎型紅茶」。近幾年中國市場流行的「金駿眉」與「銀駿眉」則和以上兩種都不一樣，有別於傳統紅茶採摘的標準，仿照碧螺春與龍井的採摘，只單採嫩芽或一芽一葉，香氣、滋味和湯色，與工夫紅茶截然不同。

紅茶的茶乾外觀呈現黑色，白毫則呈金黃色。在外國的紅茶分級制度中，採摘愈嫩，白毫愈顯著，滋味愈強勁，等級也愈高。外國的紅茶品飲往往還添加糖與牛奶，這樣的紅茶與純飲所挑選的紅茶，在製作上的要求略有不同。

紅茶是全發酵茶，但這並不代表茶葉內的兒茶素類物質已百分之百發

酵，紅茶成品內仍然含有少部分未發酵的兒茶素類。以大葉種茶樹的鮮葉為原料的紅茶，由於多酚類物質含量豐富，有利於製作過程中紅茶的高度發酵，因此能產生濃郁強勁的滋味。製作完成的紅茶溶入茶湯的可溶物質中，少部分未氧化的兒茶素爽口具刺激性，發酵產物茶黃素鮮爽辛辣、茶紅素甜醇、加上大量分解的醣類和胺基酸，以及嫩葉中豐富的咖啡因，構成了紅茶滋味的主體。發酵度低的紅茶香氣或許較顯露，但茶湯刺激性強，不適合純飲。

■以陳放引出醇和滋味的後發酵茶──黑茶

雖然紅茶的英文名字是Black tea，但黑茶和紅茶其實是完全不同的茶類。黑茶中最為人所知的，應該就是普洱茶了。但最早「普洱」一詞，其實是茶產地的名稱。

在中國西部邊貿的歷史中，黑茶曾占有重要的一頁，當時雲南、四川等地運送至邊疆地區的茶，在雲南的普洱一地集散，經過大理、麗江、香格里拉，分別經由昌都、林芝地區進入拉薩，與藏人交換馬匹，稱之為「茶馬互市」。在此普洱地區生產或集散的茶，後來就被稱為「普洱茶」。

四川的邊茶、湖南的安化黑茶、廣西的六堡茶，也有和普洱茶相似的製造方式，這些茶都通稱為黑茶。

黑茶的製作，可說是建立在綠茶的加工工藝之上，只是採摘的葉芽不如綠茶細嫩，且以大葉種茶樹為主。黑茶的製作方式是將採收後的茶菁直接殺菁、揉捻、乾燥，製成「散茶」或「緊壓茶」。但古時候因為交通不便，包裝方式也不如現代先進，可採取抽真空或充氮氣以避免茶葉變質等的方法保存，所以在運送的過程中，茶葉與外界環境接觸，並在空氣、濕氣、溫度及微生物的作用下，使得茶葉產生複雜的化學變化，且經歷多年的陳放，構成黑茶特有的品質，因此，它其實是一種「後發酵茶」。現代製法的普洱茶，因為缺乏長期運送讓微生物發揮作用的過程，於是將炒菁後的毛料，以人工「增濕渥堆」，取代過去漫長的熟化歷程，使毛料在短時間內快速地藉著後發酵作用，形成現代黑茶特殊的風味。黑茶的毛料為大葉種綠茶，可溶的多

●黑茶是一種靠微生物轉化，形成獨特風味的後發酵茶。它的發酵概念與一般半發酵茶、全發酵茶不同。壓製成茶餅的黑茶，留待時間的醞釀，會轉化出更為醇和的香與味。

酚類物質豐富，滋味十分苦澀，刺激性強。後發酵作用可使得黑茶滋味轉為醇和，是形成黑茶品質的重要關鍵。

其實無論是什麼品種的茶樹，或是種植在何處的茶樹，採收下來的茶菁，均可以製作成六大茶類中的任何一種茶。但是依照茶樹品種與產地特性，有著適製性的差異。比方來說，種植在印度阿薩姆平原地區的大葉種茶樹，適合製作紅茶，若改為製作綠茶則過於苦澀。針對不同的茶類，品飲的方式與審評的角度也不相同。瞭解茶菁原料的特性與加工過程中每一個環節所代表的意義與關聯性，自然就可以對浩大的茶葉世界有宏觀的視野，並更進一步擁有個人獨特的見解。

綠茶（龍井）

綠茶嫩採，不發酵，茶乾顏色從翠綠到墨綠都有，白毫顯著為綠茶的共通點。茶乾的形狀依產區習慣各有不同，從針狀、螺狀，到片狀、珠狀都有。龍井為典型的片狀。

綠茶（珠茶）

揉捻成螺狀的珠茶。好綠茶乾應帶有油光。

黃茶

黃茶是從綠茶製作工藝衍生出來的一種茶類，因為較綠茶多了一道「悶黃」的工序，所以茶乾呈黃綠色，一樣有白毫，多呈針狀。

白茶

製作白茶的茶樹品種白毫特別顯露，因此白茶茶乾的白毫也較其他茶類更為明顯。因製作時經過長時間的萎凋，茶乾顏色呈現褐白。白茶依等級不同，分為芽茶及葉茶，越高等級採摘茶芽越細，茶乾呈現針型。

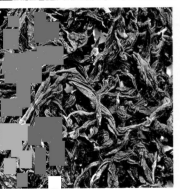

青茶（包種）

青茶是一種半發酵茶，包種著重在香氣的表現，製作過程不團揉，茶乾呈條狀。製作良好的包種有「砂綠白霜」的特徵，隱存紅邊。

青茶（烏龍）

傳統的烏龍多製成半球型，現因多為機器團揉，所以做成球型。製作良好烏龍茶乾應色彩斑斕，有深綠、黃綠且隱存紅邊。太過墨綠的茶乾表示過度嫩採，茶湯必然苦澀。

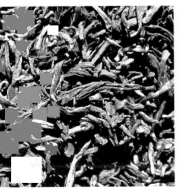

紅茶

紅茶分碎型和條索狀，條索狀的紅茶屬工夫紅茶，毫毛愈明顯，等級愈高。好的紅茶條索緊結，烏黑但不油亮。

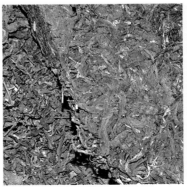

黑茶

黑茶是後發酵茶，以綠茶茶胚碾壓做成各種形狀，靠陳放使其後發酵。有沱狀、磚狀、餅狀、柱狀，也有散狀。好的黑茶是因陳放，而使茶乾呈現黑褐色。

什麼是烏龍？

是茶類？品種？還是商品名？

「烏龍」是半發酵茶的統稱，只要按半發酵茶製程做出來的茶，通通是烏龍。烏龍也是一個茶樹品種名，台灣常見的有青心烏龍和大葉烏龍。烏龍更常見的用法是當作商品名稱，當我們買茶時使用烏龍這個名詞時，要先確定所謂的「烏龍」，指的是一種統稱，還是品種？還是商品的名稱？

烏龍茶，指的就是六大茶類中的青茶。

「烏龍」這個名詞的使用方式非常廣泛，它是所有半發酵茶的統稱，有時代表的又可能是茶樹的品種名，或出現在包裝上的商品名，許多情況下都會讓人產生疑惑，甚至導致在消費過程中產生糾紛。一種常見的情況是，有人到阿里山旅遊，順手帶了一罐阿里山烏龍茶回家，結果回家一泡，懂茶的友人告知，這不是烏龍，是金萱。回頭向購茶的店家抗議，店家卻堅稱自己沒錯，茶確實是阿里山烏龍茶。孰是孰非？究竟該如何判斷？

■ 烏龍是半發酵茶的統稱

其實烏龍是所有各式半發酵茶共同的代名詞，半發酵茶（或稱「部分發酵茶」、「青茶」）就是「烏龍茶」（Oolong Tea），正如同「紅茶」（Black Tea）之於全發酵茶，「綠茶」（Green Tea）之於不發酵茶。不管是中國的「武夷岩茶」、「安溪鐵觀音」、「鳳凰單欉」，或台灣的「文山包種」、「凍頂烏龍」、「木柵鐵觀音」、「白毫烏龍」，均可劃歸於半發酵茶。也就是說，只要是符合半發酵茶萎凋、靜置、大浪、堆菁發酵、殺菁、揉捻、乾燥工序的，無論使用的茶樹品種為何，無論是否在製作工序細部上各有出入，使得成品各有名稱與風味，都可以稱為烏龍茶。

■ 烏龍是茶樹的品種名

烏龍也是茶樹的品種名稱，在中國，茶樹名稱有烏龍二字的，有「軟枝烏龍」、「大葉烏龍」、

「慢烏龍」、「紅骨烏龍」；在台灣，則有「大葉烏龍」、「青心烏龍」、「黃心烏龍」等品種。這些烏龍品種以種子繁殖（屬有性繁殖）所產出的下一代，也可說是烏龍，但在茶樹性狀上會有變異。

在凍頂，茶農稱青心烏龍此一品種為「烏龍」或「軟枝」；在坪林，茶農稱青心烏龍為「種仔」。青心烏龍種製作的烏龍茶，有近似蘭花與桂花的特殊香氣，品質公認為最佳，當地茶農稱為「種仔旗」，台灣市場也以青心烏龍價值較高。目前台灣的新興高山茶區，幾乎全是青心烏龍的天下。目前台灣主要產製烏龍茶的品種，除了青心烏龍，尚有四季春、金萱（台茶12號、二七仔）、翠玉（台茶13號、二九仔）、鐵觀音、青心大冇等。此外也還有許多適合製作烏龍茶的茶樹品種，如白文（台茶14號）、肉桂、水仙、奇蘭、佛手、武夷、黃金桂等等。不過在以青心烏龍為主流的台灣市場中，其餘茶樹品種的能見度相對就低很多了。

●青心烏龍種茶樹。在中國，青心烏龍也稱為矮腳烏龍。百年多來，青心烏龍種因其優雅的香氣與甘醇的滋味而備受消費市場尊崇，目前是台灣高山地區種植面積最廣的品種。

■烏龍是茶的商品名稱

「烏龍」也是一種商品名稱，這也是一般人最常接觸到「烏龍」此名詞的形式。一般大眾最耳熟能詳以烏龍為名的商品，非「凍頂烏龍」莫屬了。

「凍頂烏龍」此一名稱的起源來自南投縣鹿谷鄉彰雅村凍頂巷，海拔

●由凍頂眺望麒麟潭與鳳凰山，這三處是公認狹義的凍頂茶區。凍頂茶區在一九七〇年代中期開始大放異彩，凍頂烏龍的聲名遠播，甚至搶走了原屬白毫烏龍的烏龍茶名稱，如今凡是半球型或球型包種茶均被稱作烏龍。

約七百公尺的凍頂台地上。這裡以生產與清香型文山包種茶特色不同，發酵程度較高，焙火較重的半發酵茶聞名，早年便與鄰近的鳳凰村、永隆村，共同打響了「凍頂烏龍」這塊招牌。但就因為凍頂烏龍在市場上大受歡迎，於是其他地區也開始跟著模仿製作同樣風味的茶，同樣掛上「凍頂烏龍」的名稱販售。於是「凍頂烏龍」的定義開始鬆散，凍頂烏龍的名稱逐漸與產地脫勾，成為了一種商品名稱。演變至今，現在消費者喝到名為「凍頂烏龍」的茶葉，往往不是來自凍頂，可以是以名間的青心烏龍，或是阿里山的青心烏龍，甚至是以金萱、翠玉、四季春等製成。這些同樣名為凍頂烏龍的商品，雖然因茶葉品種不同可能有些許風味差異的表現，但在製程上都屬於發酵程度較高、焙火較重的茶。現今「凍頂烏龍」的意義已非關產地與品種，倒比較接近特定類型香氣與滋味的呈現了。

同樣的狀況，也發生在「鐵觀音」此一名詞的定義上。鐵觀音原指的

是產在木柵山區以鐵觀音品種、鐵觀音的製程，做出有熟火香的茶才稱作鐵觀音[1]（參見142頁）。但因為在市場上大受歡迎，於是，也有人以金萱等不同的品種用鐵觀音的製法開始做茶，也稱為鐵觀音。從此，鐵觀音就從專指某種特定品種、做法的茶，變成一種專指某種製法的商品名。不過，在木柵地區，「正欉鐵觀音」指的還是鐵觀音品種、鐵觀音工序所製作的鐵觀音茶。

●鐵觀音的種植與製作在台灣並不多，遵循古法製作的鐵觀音茶乾色彩斑斕，具有獨特的花果香及濃稠甘甜的茶湯，很難讓人不對它動心。

但南投名間鄉松柏嶺所產的松柏長青茶又是另外一種情況。名間鄉常見於製作半發酵茶的品種有四季春、金萱、翠玉、青心烏龍（種仔）、武夷等。只要是出自名間鄉的松柏嶺，無論是哪種茶種製作出的商品，均可被稱作「松柏長青茶」（一九七五年由蔣經國先生命名）。雖都稱作「松柏長青茶」，但在不同的茶行分別購買的「松柏長青茶」，可能會有不一樣的滋味與香氣類型，這可能便是導因於茶樹品種與製造工藝的不同。

台灣近年來喝高山茶的風氣頗盛，「阿里山高山茶」、「梨山高山茶」或「杉林溪高山茶」等高山產區烏龍茶（大多為青心烏龍種製成的半發酵茶類），均以「產地」＋「高山茶」的名號闖蕩江湖。高山茶既是一種商品名稱，那麼所使用的茶葉就不限於青心烏龍，或翠玉、四季春，而是各式各樣包羅萬象的品種了。

同樣的現象也可能發生在號稱「阿里山烏龍」或「梨山烏龍」的商品

[1] 更多對鐵觀音及台灣各不同類型半發酵茶的討論及產區介紹，可參見陳煥堂、林世煜著《台灣茶的第一堂課》一書。

上。市面上的「阿里山烏龍」有可能是以青心烏龍製成，也有可能是以金萱或其他品種製成，此處的烏龍泛指半發酵茶的意思。購買前先行詢問店家販售的「烏龍」究竟是品種名還是泛指半發酵茶，才不致發生糾紛；倘若店家拍胸脯保證是「種仔」，但泡開茶湯卻發現是「四季春」，若非人為疏失，那麼店家的專業能力或誠信就有待評估了。

至於梨山烏龍是不是真產於梨山？就如同凍頂烏龍不一定產自南投縣鹿谷鄉彰雅村凍頂巷，「梨山烏龍」的產地也可能來自鄰近梨山地區的翠巒、佳陽、環山。至於品質如何，則未必與產地相關。

烏龍茶名稱的今與昔

很多人也許不知道，在早年台灣茶葉出口的時期，所謂的烏龍茶（Formosa Oolong Tea），專指的是以重萎凋、重發酵做法製成的「番庄烏龍」，以及番庄烏龍的最高級品，「白毫烏龍」[②]。反而為現今消費者所熟悉的「凍頂烏龍」與「文山包種」，因為採摘標準與製作方式上，均有別於番庄與白毫烏龍，於是在學術上特別區分，稱之為包種茶。

依外型不同，凍頂烏龍稱為「半球型包種茶」，鐵觀音稱為「球型包種茶」，而文山包種則為「條型包種茶」。但現今在市場上，「包種」已經普遍被認為僅指文山包種這樣的條型包種茶，烏龍也僅用於稱呼外型如凍頂烏龍的半球型包種茶。而真正在學術上稱為烏龍茶的白毫烏龍，則以「東方美人」（Oriental Beauty）之名，在半發酵茶的世界中獨領風騷。不過現在台灣的半球型包種茶，為了要接近市場主流的高山茶的形狀，不管是不是鐵觀音，幾乎都做成球型包種茶，半球型反而已經很少見了。

[②] 早年的番庄烏龍共分二十二個品級，最高級的才稱白毫烏龍，也就是東方美人，著蝝率高，有濃郁的蜜香。不過，時至今日，只要是以番庄做法製作的烏龍，無論是否著蝝，都是稱為東方美人。

烏龍茶的世界
系統瞭解
判斷茶葉品質的四個角度

選好茶，有系統性的脈絡可循，掌握茶葉的適製性、茶樹的生長環境、茶園的栽培管理，以及茶葉製作工藝四大面向，就能理解製茶背後的科學原理，輕鬆選好茶。

影響茶葉品質的因素，包含：茶樹品種特性、茶園生態環境、茶農管理方式、茶葉製作加工（如：發酵、採摘等），以及儲存方式等。以上各項因素又環環相扣。例如殺菁不足，沖泡後的茶湯放置一段時間後容易紅變；或是施肥過多，茶芽易徒長，含水量高就不易製作，或泡茶後容易苦澀等，這些現象都有其背後相互影響的原因，必須理性地看待與討論。然而大部分從事茶藝教學、茶葉買賣的相關人士，往往以錯誤的觀念及角度來詮釋茶葉品質的形成，如「幼卡有底」（見86頁）、「高山氣強」等，將學理模糊化、神祕化，讓愛茶者對於茶葉的品質判斷往往是只知其一、不知其二，茫茫然無所適從，當然也無法學習與進步。

■角度一：茶葉的適製性

學茶，必須先從瞭解茶樹品種的適製性開始，不同品種的茶樹，先天因為內含物質的組成不同，有滋味與香氣的差異，所以適製的茶葉種類也有不同。茶葉中重要的內含物質包括多酚類、胺基酸、咖啡鹼、醣類與芳香物質等等，不同品種的茶樹所含內含物質比例不同。大葉種茶樹因為具苦澀味的多元酚類含量高，多酚類經發酵轉化後，會轉成苦澀度低的新型態多酚類，因此適合製作發酵程度高的紅茶；中葉種和小葉種茶樹的多元酚類含量比大葉種茶樹低，適合製作發酵度稍低的青茶（烏龍茶）或是不發酵的綠茶（見13頁）。不瞭解茶葉的適製性，一味地追求主觀認定的香氣或滋味，便無法適當發揮茶葉的特質。好比以大葉種茶樹的夏季

嫩芽葉製作綠茶，肯定苦澀不堪；以小葉種茶樹製作紅茶，香氣雖好滋味卻顯淡薄，皆為沒有運用茶種適製性製茶的緣故。

■角度二：茶樹的生長環境

茶樹生長的生態環境：陽光、空氣、土壤、水分等，主導了茶葉內含物質組成的結果。其中，日照時間的長短、日照的強弱、氣溫、降雨與濕度等氣象條件，影響程度最重。而這些條件又受到茶園所在的緯度、海拔高度、地形、地勢、季節等因素左右。在台灣一片迷信產地的茶業市場來說，茶樹生長環境的各種生態條件被過分地簡化到只關心海拔高度，凡標榜「高山」即為好的迷思，從產地到消費市場皆不例外。

任何自然因子的變動，過與不及對茶樹的生長發育都是逆境。例如，高山的氣候條件適合種茶，卻有著非常不利製茶的天然條件（見149頁）。同時，高海拔茶區春季萌芽後，因為海拔高，反而容易產生霜害凍傷茶芽，對茶農而言是很大的損失。在高山的利弊不被正視，且缺乏全面評估的情況下，一味追求高山的結果，讓許多茶農血本無歸，一般人喝到的也多是製作不精的高山茶。

■角度三：茶園的栽培管理

透過不同的栽培管理，包含施肥、雜草管理、病蟲害防治、修剪策略、灌溉等措施，在原有的生態環境下，進一步改變茶葉的內含物質組成與產量；適當地使用有機質與無機鹽肥料，對於茶葉品質與產量的提升才有正面的助益。錯誤的肥料使用方式，長期下來不僅使土壤環境劣化，同時會導致茶樹提早衰敗，質與量逐年下降。且過度施肥的茶葉，含水量高，不利萎凋發酵，製作出的茶湯菁味重，苦澀味異常強。大量施肥雖可使茶芽內胺基酸含量高，喝來回甘迅速又強勁，但卻有肥料殘留過多的疑慮。有機栽培對人、土地及作物都是更為友善的對待方式，但因為進入的門檻極高，合理化施肥與用藥便成為茶農當下努力的課題。

近年來茶園的雜草管理，不同於以往使用殺草劑的方式，已朝向鼓勵草

生栽培，對土壤的物理、化學及生物性都有正面的效應。在缺乏雨水或灌溉設施的地區，可有效涵養水分；或在多雨的地區，可減少土壤的沖蝕流失。茶葉是茶樹的營養器官，採摘與修剪等同於移除茶樹光合作用來源，適當地留養與修剪是延長茶樹經濟年限的重要策略，也是確保品質與產量維持高峰的因素之一。不同的茶園條件要輔以不同的管理策略，才能獲得品質優異且安全的鮮葉原料。

■角度四：製作工藝

　　但最重要的是，茶葉終究是農產加工品，有了好的茶菁原料，還需要在合適的氣候條件下，透過製茶者的智慧與勞力，讓茶葉的香氣與滋味轉化。茶葉在不同成熟度時期採摘，表現出的內含物質組成比例不同（見70頁），不發酵的綠茶、半發酵的烏龍茶（青茶），與全發酵的紅茶，都必須分別採

●管理良好清晨的名間茶園，茶樹栽植整齊，沒有枯黃的缺株。名間茶區的地勢平坦，陽光充足。均勻的日照使茶菁的品質平均，且平坦的地勢使茶園管理方便，適合機採，可用機器快速集菁，有利於日光萎凋和後續工序，所以名間地區所產茶葉的水準向來穩定。

摘不同成熟度的茶葉或茶芽，透過一連串的加工過程以獲得「毛茶」。製作工藝的掌握，可以說是茶葉品質構成的絕對關鍵，製茶人對加工過程中的各種變化需要有足夠的背景知識及判斷力，因應各種不同的環境調整製茶流程，而不是公式化操作。

製成的毛茶透過撿梗、剔除黃片、焙火與拼配等精製作業，可使茶葉的香氣與滋味再進一步優化，並降低含水量使品質更為穩定。除了挑選製作優良的毛茶，精製作業是市區茶行的重點工作，這樣才能提供消費者穩定且優質的商品。

最後，茶葉在存放的過程中，若選擇存放的原料與方式得當，會轉化為有別於新茶的風味，如發酵度與乾燥度適當的半發酵茶類，陳放數年後會表現出類似楊桃乾的酸香和滋味，又為茶的香氣與滋味提供了另一種可能。

影響茶葉品質的因素從品種、產地、種植到製作，原因複雜且相互影響。但大多數的愛茶者缺乏系統理解的管道，只能透過媒體或銷售方獲得零星片斷的知識，而這些大量快速傳播的資訊，往往又與事實脫鉤。且銷售方作為消費者與生產者之間的橋樑，卻沒足夠的專業知識教育消費者該如何識茶，還以外行指導內行，盲目要求生產端，導致市場亂象層出不窮。

茶不單純是農產品，而是一項歷經複雜程序的農產加工品，當茶樣置於碗底，開湯沖泡開來，你看的是門道還是熱鬧呢？

認識不同品種的適製性

不同品種的茶樹有不同的適製性，大葉種茶樹適製紅茶，中、小葉種茶樹適製青茶與綠茶。台灣目前的茶樹品種以青心烏龍為主流，嗜者稱之為「種仔旗」。台茶十二號金萱、台茶十三號翠玉，是台灣二次戰後開發的新品種，無論製作任何類型的烏龍，表現都相當優異。

　　台灣的茶樹品種自十九世紀末年由中國福建引入，日治時期由日人重新選種大力推廣；一九四八年後，有戰後台茶之父美譽的吳振鐸教授整理前人研究成果，並積極培育新種。歷經多次的時代變遷，台灣茶樹品種方始呈現今日豐富多元的樣貌。

　　十九世紀末年，在台灣烏龍茶正式出口國際之前，那時的台灣只有野生茶樹，並未大規模生產茶葉。直到清末英法聯軍戰後簽訂天津條約，淡水開港，英國商人約翰・陶德（John Dodd）來台探查，認為台灣發展茶葉市場深具潛力，於是自福建引進茶種，在台灣北部丘陵積極試種，成效頗佳。之後便開辦洋行，以Formosa Oolong為名，打開台灣茶的外銷市場。外銷初期製作的都是烏龍茶，後來因為烏龍茶市場衰退而改製薰花包種茶。在當時，茶樹品種還未受到重視。

■從外銷的青心大冇到內銷的青心烏龍

　　日治時期，日人設立茶葉研究機構，平鎮茶業試驗支所調查台灣各地品種後，選定青心烏龍、大葉烏龍、青心大冇與硬枝紅心為優良品種，大力推廣種植。日治時期以前，台灣茶以生產烏龍茶與薰花包種茶為主，分別外銷美國與南洋地區。一九一二年前後，王水錦與魏靜時兩人研發出不薰花包種茶製法，被日本政府大力推廣，對日後台灣茶業發展影響深遠。青心烏龍此一品種便因製作出的包種茶品質優良而被大量種植。台灣紅茶的生產製作也在同一時期推廣生根。初期以製作烏龍茶的小葉種茶樹製作紅茶，雖然香氣佳，但因滋味不及

印度、錫蘭的大葉種茶樹濃郁，魚池紅茶試驗支所遂從事適製紅茶茶樹品種的培育改良，大規模於魚池一帶推廣種植。直到今日，在台灣北部及中部山林中，還可以看到日人推廣種植的阿薩姆種茶樹。

二戰期間，日本在台灣的茶樹育種工作中斷，不過已經累積了許多珍貴的資源。一九四八年起，吳振鐸教授任職平鎮茶葉試驗分所所長，積極整理日治時期所留下的研究成果，於一九六九年發表台茶一號至台茶四號，一九七四年發表台茶五號與台茶六號，一九七五年發表台茶九號至台茶十一號。此外，魚池茶業試驗所也於一九七四年發表台茶七號與台茶八號。

自二戰結束到一九七〇年代以前，台灣茶以外銷紅茶與綠茶為主。青心大有適製紅茶與綠茶，並且單位面積產量高，種植面積最廣。其次為黃柑種，主要種植於桃竹苗山區。而後隨著外銷市場沒落，適製包種茶與高級烏龍茶的青心烏龍逐漸主導市場，成為現今台灣種植面積最大的品種。

金萱、翠玉是二戰後台灣茶業發展史中，意義非凡的茶樹新品種。自一九八一年正式發表以來，深受消費市場喜愛，屹立不搖。金萱的登記命名為台茶十二號，翠玉為台茶十三號，這兩個新品種無論用在製作任何類型的烏龍茶，品質表現均相當優異。近年來廣受市場歡迎的新茶種還有以製作紅茶而聞名的紅玉——台茶十八號。

瞭解了以上台灣茶樹品種的演進，或許有人問，從台茶十三號直接跳至台茶十八號，台茶十四號——白文、台茶十五號——白燕、台茶十六號——白鶴與台茶十七號——白鷺怎麼消失了？（見表1）

表1：消失的台茶14至17號品種特性一覽

登記命名	台茶十四號	台茶十五號	台茶十六號	台茶十七號
便名	白文	白燕	白鶴	白鷺
雜交組合品系代號	72-145	72-215	72-283	72-322
雜交組合親本	♀台農983號 ♂白毛猴	♀台農983號 ♂白毛猴	♀台農335號 ♂台農1958號	♀台農335號 ♂台農1958號
適製性	包種茶、烏龍茶	烏龍茶、白茶	龍井、包種花胚	烏龍茶、壽眉

■消失的白文、白燕、白鶴、白鷺

　　這四個新品種，自一九六〇年開始進行人工雜交，至一九八一年區域試驗完成後，於一九八三年正式命名發表。研究成果顯示，白文適製包種及烏龍；白燕適製烏龍及白茶；白鶴適製龍井及包種花胚；白鷺適製烏龍及壽眉。四品種中除白文尚有適製包種茶類的條件，其餘三品種與一九八一年發表的金萱與翠玉有適製性上的顯著不同。這四個新品種源自白毛猴、台農335號、台農983號與台農1958號的人工雜交後代。其中白毛猴與台農1958號都是適合製作烏龍茶的優良品種，子代保留了親本的特性，大多適製烏龍 ①，即便是適製包種茶類 ②的白文，綜合表現也不如青心烏龍、金萱與翠玉。

　　一九七〇年代中期，台灣茶業由外銷出口開始逐漸轉為內銷，茶葉的生產也從外銷時期的產製分離轉往農戶自產自製自銷；一九八〇年代，高山茶區興起，往後幾年隨著茶園往高海拔擴張，茶葉的製作也傾向清香型包種茶，甚至朝向嫩採與不發酵的綠茶化製程靠攏。這樣的時空背景，對於適製發酵程度較高烏龍茶的新品種而言，無疑是個不利的條件。

　　一九八六年，白文、白燕、白鶴與白鷺這四個新品種上市，主導新品種研發的吳振鐸教授此時已經退休，導致新茶種的宣傳缺乏相關配套作業。而市場在金萱與翠玉的成功先例之下，茶農一窩蜂地搶種新品種，並以包種茶的製造方式加工。新品上市的蜜月期一過，市場回歸到理性層面，新品種不符合市場清香型包種茶的要求，很快地被淘汰。茶農原想複製金萱與翠玉成功的獲利經驗，以為這回如法炮製也能成功，殊不知結果是血本無歸，還反過來指責新品種品質不佳。

　　其實，以唯一適製包種茶的台茶十四號來看，親本的白毛猴適製烏龍茶，另一親本台農983號為黃柑種與Kyang的雜交後代，黃柑與Kyang均為適製紅茶品種。雖然白文在試驗階段評估為適製包種，但只要採摘成熟度稍嫩或

---

① 此處指學術上分類的烏龍，即發酵程度較高的番庄烏龍和白毫烏龍（見26頁）。
② 此處指的包種茶，指的是學術上分類的包種茶，包括條形、半球形和球形的包種茶（見26頁）。

❶紅玉。大葉種，葉片呈橢圓型，葉緣有波浪狀，有別於世界主流的紅茶品種，茶葉毫毛並不顯著。茶湯有薄荷香、果香、麥芽糖香。埔里魚池、花蓮鶴岡、名間、龍潭，幾乎全台各茶區都有它的蹤跡，是目前最走紅的品種。

❷佛手。大葉種，葉片呈橢圓型，因葉大如手掌故名佛手。台灣分布在坪林石碇一帶，阿里山石桌、台東有少量栽培。此一品種在台灣中部多做成球型，北部做球型和條型都有，香型是黃熟佛手柑的香味。

❸水仙。大葉種，葉片呈橢圓型。台灣主產在北部茶區，在坪林、石碇有少量栽培，適合做成重發酵的茶，一般習慣焙成熟茶。製成茶葉有成熟的果香。

❹大葉烏龍。中葉種，葉片呈披針型。主要栽培區在花蓮，適製烏龍及蜜香紅茶。此品種若製程發酵足夠，容易形成焦糖香。

❺鐵觀音。中葉種，葉片呈橢圓型，目前產地以木柵為主，坪林也逐漸開始種植，此外梨山、霧社、阿里山，都有少量栽培。此一品種在木柵、坪林的長勢較差，在高海拔地區長勢較好，但因葉肉厚，梗含水量多，在高山製優率偏低，需要適合天氣和耐心配合才能做出好茶。此茶以重萎凋、重發酵的方式製作，焙成熟茶，做得好的時候呈現花果及蜜香，做得不好的成品滋味苦澀，只有火焦味沒有茶香。

❻翠玉。小葉種，成熟葉呈橢圓型。此品種可做成條型包種，凍頂、名間則多製成球型的烏龍茶。此品種葉肉厚，嫩梗含水量高，因此高山製優率偏低，所以少見於高山。製成茶湯後，最易形成玉蘭花的香氣。

❼白文。小葉種，葉片呈橢圓型。這是市面上很難找到的品種，現只有在石碇水底寮有少量殘存。此品種成熟葉偏黃綠色，因不符合現今市場上對茶乾墨綠緊結的要求，所以不受歡迎。適製烏龍，茶湯可呈現花香及果香。

❽金萱。小葉種，葉片呈橢圓型。此品種栽植區大部分在1200公尺以下，1200以上只有武陵農場可以看到它的蹤跡。葉肉肥厚，和翠玉相同，在越高的地方，長勢越好，但因嫩梗含水率高，梗較長又粗壯，高山製優率會偏低。香氣型態呈鮮奶油香時茶湯較苦澀，呈牛奶糖香時，茶湯圓潤，有時也會呈現桂花香。

❾青心大冇。小葉種，葉片呈披針型，葉緣有較銳利的鋸齒。產區位於桃竹苗地區。這是一種生命力強健的品種，春、秋可製成烏龍，供加工茶飲使用，夏季則做成東方美人。此一品種沒有休眠期，即使冬天也可著蜒，做成東方美人，只是香氣表現與夏季會有所不同。

❿肉桂。小葉種，葉片呈披針型。此品種原產地為中國福建，主要香型為桂皮香，及蜜桃般的熟果香。台灣只有名間和坪林有少量栽培。

⓫四季春。小葉種，葉片呈橢圓型。四季春是一種野種，是數十年前由木柵茶農偶然發現的。目前以名間栽培最多，是名間的主力茶種。此一品種香氣特別妖豔，隨製作方式不同，有野薑花、茉莉花等不同的香味。生命力強健，幾乎不休眠，在名間茶區可採摘六次到七次。四季春不怕冷，在氣溫低的季節，也就是晚冬早春製成茶葉的表現比較好。高溫長日照季節會較苦澀。

⓬武夷。小葉種，葉片呈橢圓型。此品種葉色淡綠 所以在某些茶區也稱之為「白葉仔」。此茶三十年前製作都採重發酵，焙成熟茶，果香表現明顯。現在主要生長在宜蘭、坪林、石碇、名間、福壽山農場有極少量栽培。

⓭青心烏龍。小葉種，葉片呈披針型。在台灣各地、中國雲南、福建彰平永福地區、紐西蘭、越南、泰北等地區都有種植。此品種在栽培上較嬌貴，但因製優率高，且香氣較受市場歡迎，因此是目前市占率最高的品種。香氣多元，不同的採摘和製作過程下，可能出現各種不同的花香、果香、蜜香。

⓮奇蘭。小葉種，葉片呈披針型。在坪林石碇有少量零星栽培，是一種快滅絕的茶種。此一品種做出的茶葉有線香。適合做成烏龍茶，原產地為福建平和地區。

製作發酵程度較低，便會表現出適製紅茶品種所帶有的苦澀味。當時高山茶的輕發酵製作路線席捲市場，茶農不明究理地以高山茶的製作方式對待新品種，最終的失敗是有跡可循的。

　　一九九九年，台茶十八號在歷經超過十五年的空窗期後發表。別名「紅玉」的台茶十八號，與台茶十四至十七號有著截然不同的命運，獲得了極大的成功。適製紅茶的紅玉，因定位明確，並不像文、燕、鶴、鷺一樣夭折，不管是在生產端或銷售端，數量都持續成長攀升。紅玉在市場反應良好，近年來茶農擴大栽種，但是以台灣小規模的內需市場來看，若不積極打開國際市場，恐怕會有生產過剩的問題。

　　今日文、燕、鶴、鷺這四個品種在市場上幾乎絕跡，目前得知僅在石碇尚有少數的白文種栽種；而當年與此四品種同時進行選育，但沒有正式發表命名，品系代號為72－209的品種，因緣際會下在花蓮舞鶴茶區落腳生根。舞鶴的茶農將這個未正式發表的品種，以白茶的製造方式加工，適性而製，這位茶農可說是該品種的知音。

　　過去農政單位未能正確輔導茶農善加利用這四個新品種的適製性，盲目地製作輕發酵包種茶，實在是可惜。新品種適製高級烏龍茶的特性，與近年來廣受歡迎的東方美人茶不謀而合。低海拔茶區，只要懂得新品種的內涵，就能利用地理環境的絕佳條件，製作出不同於主流高山茶的特色茶，讓這四個新品種能發揮長才，文、燕、鶴、鷺展翅飛翔。

認識茶樹生長與產地的關係

買茶要看產地嗎？

理解台灣茶的產地特性，必須掌握各地區的微型條件。包括土壤特性、陽光，茶葉的內含物質，與茶農的茶園管理方式，這些都息息相關。就算是同產地的茶園，也會有各自不同的微生態，不能等同視之。

「產地」一直是消費者購買茶葉時，難以排除的考量因素。「海拔高度」更是決定價格的重要指標。台灣這個山多平原少，平均氣溫、日照與降雨量適合茶樹生長的海島型國家，產地的細部差異在哪裡？阿里山、杉林溪、梨山、大禹嶺，哪一座山頭生產的茶葉品質最好？海拔高度又有什麼意義？是很多人心中的疑問，甚至也是很多業者心中的大問號。

台灣南北長不過四百公里，主要的茶區分布範圍，南北長大約兩百公里，雖然各地氣候條件不同，但大致上都是茶樹的適生區域。不過，台灣的地形山多平原少，複雜且破碎，因此各地的微型氣候與地理條件都會有所不同，很難簡單用短短幾句話來衡量各茶區的特性。一個令人難以想像的例子是，位在花東縱谷，海拔高度約九百公尺的赤柯山，氣候條件竟與緯度相同，海拔約一千四百公尺的嘉義梅山地區相近。所以理解台灣茶的產地特性，必須從更細的各地區微型條件掌握起。

從土壤屬性判斷茶樹品質

陸羽《茶經》說，茶樹「上者生爛石、中者生礫壤、下者生黃土」。爛石、礫壤與黃土代表土壤的質地，關係著土壤的排水性、通氣性，與肥料的吸附能力等物理特質。

一般排水性好的土壤質地，通氣性也好，在水分及肥力充足的土壤環境中，適合植物根系發育，因此會有較好的品質表現。排水性好的礫石土壤，雖然適合茶樹生長，且茶葉內的各種內含物質豐

●茶,上者生爛石。帶有石塊的土壤,排水及通氣性良好,久雨不澇,久旱不涸,且礦物質豐富。茶樹喜濕怕澇,適合在陽光充足,濕度平均且為酸性的土壤上生長。

富,能製出好茶;但肥料的吸附能力不佳,土壤較不肥沃,因此產量低。排水性較差的黃土質地,對於水分與肥料的保持能力較好,雖然土壤中礦物質少,茶葉品質略差,但在適當施肥管理下,產量較高。

　　茶樹的繁殖可分為有性繁殖的種子繁殖或無性繁殖的扦插或壓條兩大類。由種子繁殖的實生苗茶樹,根系能見到明顯的主幹,可探入較深層的土壤。扦插苗與壓條苗的根系則沒有明顯的主根,在土壤中的分布相對較淺。茶樹根系除了吸收土壤中的無

●實生苗(左):可見清晰主根。
　扦插苗(右):根系無明顯主根。

●地表有青苔，表示排水不良、通氣性不佳。排水不良的土壤濕度過高，在長期耕作下，有機質缺乏，土壤硬盤形成，根系無法拓展，會導致樹勢衰弱，產量低。

機營養鹽和水分，還有合成胺基酸、儲藏養分等功能。如果茶樹的根系生長分布範圍愈廣，茶菁產量與品質也會有所提升。如果根系所處的土壤環境排水、通氣性不佳，長時間浸水的情況下，呼吸作用無法正常進行，讓根系失去活性，連帶茶樹地上部分的枝幹生長也會受阻，產量與品質將大打折扣。

　　土壤是由眾多有機物與無機物所構成的複雜生態系統（土壤、空氣、水、生物圖）。土壤的厚度、質地組成、孔隙的多寡、水分含量與溫度等等基本的物理性質，將直接與間接地影響茶樹的生長發育，對品質與產量有絕對的關係。

　　茶樹的種植在土壤化學上，最為被重視的是土壤的酸鹼度。土壤酸鹼度直接影響土壤水溶液中的無機鹽組成，進而影響茶樹的養分來源。茶樹喜好酸性的土壤，pH質約在4.0－5.5之間。過高或過低的酸鹼質都將使茶樹的根系無法正常吸收土壤中的營養鹽，新梢的生長便受到阻礙。

　　土壤中的有機質除了提升土壤物理性質，有機質分解後也為茶樹帶來營

養，並且可以增加土壤的緩衝能力，使土壤的酸鹼度更為穩定，不容易因為外在環境的劇烈變動而影響茶樹的生育。風化作用讓土壤分解出多種無機營養鹽，溶解在土壤水分中，或吸附在土壤顆粒與土壤有機質上，提供茶樹生長所需。土壤母質決定了這一類無機營養鹽的種類與含量，與茶葉的品質息息相關。

有機質豐富的土壤，團粒結構好、孔隙多，適合茶樹根系的發展。若缺乏有機質，則土壤硬實、通氣性差，不利土壤微生物的發展，根系較為不健康，產量與品質皆低。

此外，土壤的生物性也深受土壤的物理性與化學性左右，若是土壤缺乏有機質或不當地使用農藥與肥料，便會引發微生物生態系統的失衡，茶樹根系無法正常發展，導致品質與產量下降，茶樹提早衰老死亡。

■ 從芽葉看懂茶樹生長勢

莖是連結根系與花、果、葉的器官，連結主幹的枝條稱為一級側枝，各個側枝上有更次一級的分枝，依此類推。未成熟的莖稱為嫩梗或新梢，成熟的莖木質化，稱為枝條。依主幹分枝的位置，茶樹可分為喬木型、半喬木型與灌木型三種類型。喬木型茶樹植株最高大，主幹分枝處距離地面至少三十

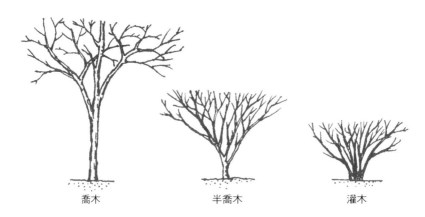

喬木　　　　半喬木　　　　灌木

●茶樹品種不同，枝幹的生長特性也不同，依照主幹分枝的位置，可分為喬木型、半喬木型與灌木型茶樹。

公分；半喬木型茶樹植株稍小，主幹明顯，主幹分枝處在地面以上；灌木型茶樹植株矮小，沒有明顯的主幹。依照分枝角度的不同，樹冠部可分為直立型、半直立型（或半橫張型）及橫張型。

　　茶樹的芽有兩種，分別為葉芽及花芽，葉芽持續生長發育成為枝條，花芽發育成為花。葉芽依照生長部位的不同分為定芽與不定芽。定芽又可分為頂芽與腋芽，頂芽位於枝條頂端，腋芽位於葉腋處。頂芽的活動力比腋芽強，俗稱頂芽優勢。當新梢成長至一定程度，水分與養分的供給不足，頂芽生長停止，形成駐芽。駐芽與其他腋芽此時稱為休眠芽，待駐芽下方成熟葉藉由光合作用累積足夠養分，駐芽將再次萌動生長。不是自葉腋處或頂端發育的芽，稱為不定芽。不定芽的生長位置無法預測，在各個季節當中，秋冬季形成的不定芽，於春季萌發生長，數量多，生長勢也最好。如果茶樹健壯，則定芽與不定芽的萌發率高，展葉數多，產量高。反之，若茶樹衰老或遭遇生長逆境，萌芽數減少，展葉數少，產量自然就低了。

　　葉子有鱗片、魚葉與真葉三種不同的型態。伴隨著芽的發育生長，葉片也依次展開。最初展開的為鱗片，鱗片脫落後魚葉開展，然後才是真葉開展。依照成熟葉的面積大小，可分為大葉種、中葉種與小葉種茶樹。以外型區分，葉型可分為披針型、橢圓型、圓型。葉子除了行光合作用製造養分以

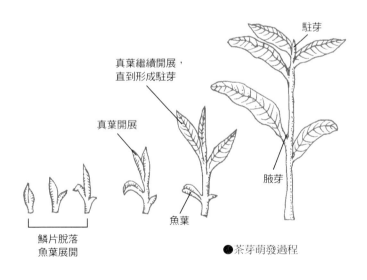

真葉繼續開展，
直到形成駐芽

駐芽

真葉開展

腋芽

鱗片脫落
魚葉展開

魚葉

●茶芽萌發過程

●茶樹的葉片型態依據品種不同，基本上可分三類，由左至右分別為批針型、橢圓型及圓型。

提供茶樹各部位生長所需的能量，葉子的次級代謝產物，構成了茶葉獨特的內含物質，像是咖啡因、多元酚與香氣物質。隨著葉子生長，成熟葉比幼嫩葉有更強的光合作用，可累積更多的營養。幼嫩葉的生長所需營養，得由根部或成熟葉所儲藏的養分來提供，等到嫩葉長成至一定成熟度後，才有足夠的光合作用能力，生產及儲藏更多養分。成熟葉有一定的壽命，到達一定時間點會衰老，光合作用率降低，進而脫落。

　　茶樹的花與果是生殖器官，主要的功能在於繁衍後代，在以採摘茶葉為目的的茶園，會希望藉由管理來減少茶樹的開花與結果；因為，當茶樹大量的開花結果，會消耗掉茶樹內部大量的營養，減少萌芽數與展葉數，降低產能。

■日照強弱影響茶葉內含物質的成分

　　根據聯合國二〇一〇年統計資料，全球約有三一三萬公頃的茶園栽培面積，年產量約為四四八萬公噸。亞洲是全球茶葉栽培面積最廣，也是產量最豐富的地區，年產量約為三七六萬公噸，占全球總產量約84%。非洲茶葉年產量約六十萬公噸，產量僅次於亞洲地區。

　　中國是全世界茶葉栽培面積與產量最多的國家，其次依產量由多至少分

別為印度、肯亞、斯里蘭卡、土耳其、越南、伊朗、印尼。可以看得出來，前四大產茶國的茶園分佈，大多位在赤道兩側至北緯30度之間的熱帶及亞熱帶地區。

整體而言，在低緯度地區，因日照時間長，季節的差異性不大，茶樹的生長期長，無顯著的休眠期，幾乎全年都可以採收。在月平均溫度差異比較大的中、高緯度地區，受到日照的限制，茶葉的生長具有季節性，進入秋冬季節時茶樹休眠不再萌發新芽。氣候越寒冷的地區，茶樹休眠期越長，年產量也就越低。日照時間的長短，除了影響氣溫，也影響土壤的溫度、濕度，與茶樹的生育息息相關。

日照的強弱與光譜組成，影響茶樹的光合作用和其他生理代謝。日照強度在某個特定範圍內，光合作用速率是隨著日照強度增加而上升，反之則減少。日照強度對茶葉中的胺基酸含量高低有明顯影響，強日照會減少新梢的胺基酸含量；於是，適度減低茶園中種植樹木的日照強度，有利於茶葉中胺基酸含量的提升。高山地區由於容易起霧的潮濕氣候特性，散射了部分的日照，胺基酸含量也因此相對提高，茶芽中累積比較多的胺基酸，因此適合種茶。葉面積大小、葉肉厚薄、節間長短也會受日照強度與光譜的組成而改變，在不同地區、不同節令會表現出不一樣的生長特徵。

■ 日夜溫差影響茶葉的內含物質的多寡

氣溫直接影響茶樹生育，除了受到緯度高低所產生的日輻射差異所影響，也因為海拔高度、坡向、季風、水文、地勢等因素而產生不同的結果。茶樹因為品種的不同，對於溫度的耐受能力也不一樣，最適合的生長溫度也不相同。根據已知的研究結果，灌木型的中、小葉種茶樹比喬木型的大葉種茶樹較能忍受低溫。茶樹在一定的溫度範圍內可順利生長，一般認為日平均溫度在18℃至30℃間，是茶樹最適生長溫度。在此範圍之外，茶樹的生長便趨緩甚至是停止。不同品種的茶樹喜好的生長溫度不盡相同，少部分品種在相對低溫的環境即可萌芽生長，屬於耐低溫型，冬季也比其他品種更晚進入休眠期，生命力旺盛，產量高，四季春就是屬於這類型耐低溫的品種。

●產地的氣候條件不同，會影響茶樹的葉片發育程度。一般在氣溫較低的高海拔地區（圖右），葉肉相對較低海拔地區（圖左）來得厚實。若加工程序完整優良，高海拔地區製作出來的茶湯相對會比較耐沖泡。

　　在茶樹的最適生長溫度範圍內，日夜溫差的大小是影響茶樹生育的重要因子。白天充足的日照與氣溫，有利於光合作用進行以累積養分；夜晚的低溫，可減緩茶樹呼吸作用，消耗較少養分，可累積較多的有機物質。

　　茶樹樹冠枝葉茂密，葉蒸散水分量大，生長所需的水分量高。地區年平均降雨量多寡與茶樹的年產量有直接影響，月平均降雨量多寡則直接反應在每一季的產量上。降雨強度過高，水分不易入滲，逕流量大，容易沖蝕土壤；若是連日降雨，土壤含水量過高，土壤孔隙被水分充滿，根系得不到呼吸作用所需要的氧氣，茶樹也就無法正常生長。

　　土壤特性、陽光、溫度、雨量、茶農理念與茶園管理，這些是真正構成茶湯滋味的原點。既使是在現今台灣市場特重海拔高度的聲浪之下，也不脫這幾項基本的範疇。且就算是同產地的茶園，也會有各自不同的微生態，不能等同視之，認為只要是產自梨山或阿里山的茶葉就一定好。

　　想要更深入瞭解茶樹的栽培與對茶葉風味的影響，不妨親自到四處的茶山走走，實際探訪各地的自然風土，或許能一窺其中的門道。

買茶不只看海拔而已

台灣人愛買茶送禮，但往往對茶葉品質如何判斷又沒有足夠瞭解。這時，在市場價格被哄抬極高的「高山茶」，往往成為消費者的第一選擇。但高山茶真的有這麼高的價值嗎？

嗜茶者常說產地的生態條件會影響茶樹的生長發育，但這必須要有定性（Qualitative）加定量（Quantitative）的解釋。比方來說，我們可以在茶葉廣告中看見「XX高冷茶區位於海拔X千X百公尺的原始森林，日夜溫差大，終年雲霧繚繞，土壤有機質豐富，葉片肥厚，果膠質豐富。」只是，究竟海拔要多高、日夜溫差要多大、雲層要多厚、濕氣要多重、有機質含量要多少百分比，才是最適合茶樹生長的環境？沒有人可以說清楚講明白，產地的迷思和神話卻在這樣的說法成為市場的定律。

海拔高度的重要性被誇大渲染，茶園也就往更高的山林去開墾。比較全球主要的產茶國家如中國、印度、斯里蘭卡、肯亞等茶山高度，台灣茶園的高度的確是高人一等，海拔一千公尺以上的茶園比比皆是，甚至高達海拔兩千六百公尺都還有茶園。這樣的高冷茶，生產成本高，售價自然也高人一等，品質卻是參差不齊。

「產地不完全重要，海拔高度僅供參考」，才是以製作半發酵茶為主的台灣茶應該要抱持的態度。當產地因素對茶葉品質的影響力愈大時，代表茶葉已經愈朝綠茶製作靠攏。即使是在同一個大範圍的產區，當中的各個茶園，也會因為微棲地環境的不同，在未經採摘加工之前，造成原料本質上的差異。如果再加上製造工藝與製造天候等變數，同產區的品質差異問題就更趨明顯。

中國閩北的武夷山與閩南安溪，半發酵茶的製作技藝被官方認定為「非物質文化遺產」。半發酵茶的製造工藝是一種富有深厚科學內涵的傳統技藝，深入瞭解製作過程中茶葉所產生的各種生物化學反應，會對前人智慧結晶的偉大更加讚嘆。而半發酵茶的製造工藝，在百餘年前從中國渡海來台，經由前人改良並發揚光大，文山包種、木柵鐵觀音、凍頂烏龍才能各自在台灣的一角發光。

高山茶崛起於市場後，不禁讓人對於傳統工藝的殞落，心生嘆息。中國極力復興半發酵茶的製造工藝，並且投入大量的學術資源作為後盾，反觀台灣的茶業，這二、三十年來，進步的速度緩慢，被中國遠遠超越。

德國的工業產品在世界各地普遍都有相當正面的評價，雖然市場價格往往也較其他國家品牌高，但被廣泛接受的原因，就在於德國人實事求是與一絲不苟的敬業態度，造就出品質優異的產品特性。台灣的茶葉製作工藝也應該如此，半發酵茶朝向綠茶口味的製作方式靠攏，且過分著重產地優越性，可說等同於摒棄了製造工藝的價值所在。回歸半發酵茶的工藝面，才是將台灣這項優良傳統的技藝，發揚光大的唯一正道。

栽培方式對茶葉品質的影響

合格的栽培才能養出合格的茶菁

採摘成熟度與留葉標準需取得平衡，才能在產量、品質與茶樹經濟年限間，兩全其美。

嫩採及錯誤修剪方式，將使根系缺乏來自葉子行光合作用的營養回饋，無法獲得良好的茶菁原料。

茶葉是一種農產加工品，茶菁的品質與內含成分當然會影響茶湯最後的品質。以不適當的方式栽培茶樹，不但縮短茶樹的生長年限、破壞水土，茶葉中用以轉化為香氣和茶湯滋味的豐富內含物質也會不足，喝了傷心又傷身。究竟怎樣的栽培方式才能成就出合格的茶菁，不過度使用土地，並且充分發揮出半發酵茶應有的風味，讓烏龍茶做為台灣的優良文化，能長久永續經營？

■足夠的留葉量才能提供茶樹成長能量

茶樹是一種多年生的木本作物，若放任其自然生長，可能長到數公尺至數十公尺高，樹齡可從數十年長到數百年。茶樹從根系吸收土壤中的水分與養分，經由葉子的光合作用與呼吸作用產生茶葉特有的內含物質，儲存於茶樹的各個器官中。有別於果樹採收的果實屬於植物的生殖器官，茶農採收的是茶樹的營養器官——生長點頂端的芽葉。所以，如果茶樹的營養器官都採摘殆盡，那麼茶樹就無法行光合作用，缺少維持生理機能所需要的營養，逐漸邁入衰老期。倘若再加上錯誤的修剪方式，等於是加速茶樹的老化，會帶來很嚴重的後果。

若將整株茶樹視為一個系統，那麼在人為管理之下進行採摘與修剪，就是一種將茶樹營養器官自系統中移除的行為。要讓茶樹的樹勢強壯，就必須保留一部分營養器官，並且補充土壤中因為採摘而減少的無機營養鹽。

傳統的半發酵茶區，很重視採摘成熟度與留葉標準，因而能在產量、品質與茶樹經濟年限之間，

❶茶樹採收後的枝條上應留有成熟葉，才能為下一輪的生長奠定良好的基礎。❷衰敗的樹勢植株矮小，大量開花，枝條稀疏、甚至乾枯，且萌芽數少，產量較低。

取得一個好的平衡。從健康的茶樹，採摘形成駐芽的一心三葉或一心四葉，那麼此輪生長的新梢，尚留有一至三葉的成熟葉。未採摘的葉位，成熟度高，光合作用率高，可製造大量的養分，累積儲存於茶樹的各個器官，一部分促進根、莖的茁壯與發展，一部分為下一輪新梢的萌芽生長提供能量。

採摘成熟度與留葉標準，二者其實是相輔相成的。若採摘是以形成駐芽的大開面一心二葉——成熟度高的茶菁為主，留葉量也就相對更多。茶農在實際栽培時，在操作實務上為了顧及產量與合理的採摘面，採摘形成駐芽的小開面或中開面，留葉量至少以一至二葉以上，為最佳的管理方式。留葉的葉基部上方存有「腋芽」，腋芽在成熟葉的養分供給下，一段時間後將會成為下一輪新梢的發育點，長出的新梢生長勢良好，內含物質豐富。

除了維持適當的留葉，合理補充土壤中因為供給茶樹生長與採摘所消耗的無機鹽及有機質，是確保茶樹可以有穩定收成的管理措施。除了植物生長所需的氮、磷、鉀肥以及其他元素，適當補充土壤有機質，更有助於涵養土壤水分、無機鹽，以及促進微生物相的發展。

不論是有機肥料或無機肥料，不合理施肥是茶農常犯的問題之一。「有機」被誤解與「無機」被污名化的情形，也不只發生在茶樹的栽培上。政府

核可的有機複合肥料，有許多是以有機質肥料混合無機鹽肥料（俗稱「化學肥料」）加工而成，這種肥料栽培出的農作物是否仍是有機，似乎沒有標準答案。且就算使用的是有機肥，但許多茶農還有使用豆粕類有機肥的迷思。像是將榨油後的花生渣及黃豆渣等原料，如花生粕、黃豆粕、菜籽粕，甚至將生黃豆直接施用在茶園土壤上。然而這種未經微生物腐熟的有機肥（俗稱「生肥」），在田間發酵時產生不良的氣體與高溫，對茶樹的根系發展有害，並不是理想的有機肥料。

理想的有機質肥料，不僅提供茶樹營養來源，更有助於土壤微生物的發展、健全根系，並增加無機鹽的利用率。許多茶農為了追求產量，過量施用肥料，施用錯誤的肥料種類，是高山茶園管理很嚴重的問題。除了造成環境污染與肥料利用率不佳外，茶菁的品質也隨之降低。短時間內讓土壤過度酸化及鹽化，造成土壤微生物生態系統瓦解，茶樹迅速衰敗。茶農對於農業知識認知不足，導致施肥方式亂無章法，大多聽信賣肥料的業者天花亂墜，真是請鬼抓藥單。不知情的消費者，喝的是過度施肥的茶，自然會對茶有所誤解。

■ 看不見的生長激素陷阱

造成茶樹留葉不足的原因有二，其一是採摘成熟度偏低，其二是錯誤的修剪策略。若是兩者同時發生，簡直是在茶樹的傷口上撒鹽。高山茶區因為年有效積溫比低海拔丘陵地低，茶芽一年可以萌發的次數介於二到四次不等，春茶採收以後需要適當地修剪茶樹，以調節其他季節的採收時間，不同的氣候條件有不同的操作要領。嫩採的茶樹，理應減少採收次數，以「留養」取代留葉量的不足，讓茶樹恢復生機，經濟年限可以延長。

傳統的採茶觀念，除了有採摘成熟度的要求，更有「採七留三」的操作策略；也就是位於樹冠下層的「腹內葉」不採淨，保留三成的新梢不採以壯大茶樹，所以茶樹的樹齡可以高達數十年至百年以上。對照現今普遍嫩採、採淨與過度修剪的錯誤管理方式有著天壤之別。

有些茶農，不僅是過度嫩採，且為了讓下一季新芽萌芽時間點一致，

●集約方式經營的茶園,在冬季低溫的環境下,會以設施營造高溫的環境,催生茶芽,輔以肥料的施用與灌溉,增加產量與收益。但這樣的經營方式對作物與土壤的長期利用可能有害。

將剩餘不多的留葉一併修剪乾淨,讓茶樹的採摘面一致,並且大量施肥希望促進下一季的萌芽。如此的嫩採及錯誤修剪方式,將使根系缺乏來自葉子行光合作用的營養回饋。在茶樹的幼木期,茶樹因本身的生命力旺盛依然會萌芽,但是經過一兩年的光陰後,會因為根系長期缺乏來自葉子所製造的營養而衰敗,導致土壤中的營養鹽無法被根系吸收送達至葉子,導致茶樹的樹齡僅五至七年左右,就已經進入衰老期,產量自然低落且品質差。幼木茶園茶苗栽種需要兩至三年後才能開始採摘,在產量才剛開始要邁入高峰之時,因為錯誤的管理讓茶樹迅速衰老,發生這種情況的茶農只好病急亂投醫。

　　葉面施肥或使用生長激素(植物生長調節劑),這種錯誤的茶園管理方式開始風行。既然茶樹不能由根系獲取應該有的養分,那就從另一個方向著手。錯誤的修剪,造成樹冠缺少腋芽這一類的「定芽」,新的茶芽只能由已經纖維化的枝條萌發,這種有別於腋芽的芽點,稱為「不定芽」。茶農為了增加產量,使用「催芽劑」,刺激茶樹大量萌發不定芽。不定芽的新梢生長勢弱,且因為缺乏土壤中的營養鹽,無法像正常新梢一樣生長,容易形成對夾葉,葉面面積小,內含物質不豐富。於是茶農又再使用另一種生長激素,讓葉面積增大與徒長,葉肉卻更薄弱,內含物質更形匱乏。這樣的茶菁原

料，就算有良好的天候與高明的製造技術也是枉然。這種茶樹只能用病入膏肓來形容。更糟糕的是，使用各種植物生長調節劑所栽培製作出的茶，在農藥殘留檢驗報告書中是看不見的，消費者只能在不知情的狀況下蒙受其害。

■農藥劣化後的土壤種不出好茶

農藥使用有兩大方向，一是抑制茶園中的雜草生長，另一是為防治茶樹病蟲害。在現今的慣行農法中，殺菌劑、殺蟲劑與殺草劑都是常見於茶樹栽培所使用的農藥。茶園管理的農藥使用與否因人而異，不論是化學性農藥或生物性農藥，一定都會對茶園生態系統帶來干擾。尤其是化學性農藥，雖然對各種的病害及蟲害有好的防治效益，卻對生態環境以及人體健康有較大的負面影響。

雜草的防治，除了以化學殺草劑處理，其實有很多可以取代的方式。物理性防治可以人工拔除、機械砍除或覆蓋塑膠布，缺點是耗費大量的人力。其實雜草之所以存在，並不只是與茶樹競爭養分與陽光而已。若能善用草的優點，以「草生栽培」取代物理性防治或農藥防治，不僅對茶園的水土保持有助益，減少雨水對表土的沖刷，另可藉由種植綠肥作物，利用它的根系根瘤菌固氮作用，免費為茶園土壤施用氮肥。草生栽培的覆蓋作用，還可以減少土壤水分的蒸發，維持土壤濕度，讓土壤的溫度變化比較緩和。植物殘株更可以為土壤補充有機質，有利土壤的物理化學與生物相發展。殺草劑對雜草防治雖然快又有效，但是缺乏上述的種種優點，而且長期使用，茶園土壤的生態條件會嚴重劣化，對永續經營是一大危害。

近年來隨著有機農業的推廣，已漸漸發展出非農藥防治的取代措施。現在的慣行農法習於使用化學農藥，但使用的農藥種類與時機，不僅關係防治成效，對消費者的食品安全更是影響甚鉅。只要茶農秉持農政單位的農藥操作規範，茶葉的農藥殘留在正常的氣候條件下，會降解至符合規定的殘留濃度範圍，只是我們必須瞭解「合法殘留容許量」不代表「絕對的健康」；同樣的觀念也適用於其他農作物上。

有機栽培不使用農藥的精神令人崇尚，但實際操作上，要有相當大的

❶在幼木茶園中以塑膠布覆蓋茶苗兩側走道，可減少雜草管理成本，同時並減低土壤水分蒸發散。❷粗放式的高山茶園經營，雜草成為田間水土保持的工具。

決心、毅力與財力，與對大地的愛心，以及適當的客觀條件（無鄰地污染）下，才能落實。生物防治法逐年發展，利用病蟲害的天敵及各種天然素材來防治病蟲害，已經有長足的進展，且微生物肥料的發展也不容小覷，甚至可望為土壤生態條件劣化的農地，重新恢復生機。

　　所以，喝茶喝進的都是農藥與肥料嗎？喝茶是破壞生態嗎？如果我們選擇購買的是不肖茶農過度嫩採、耗盡地力製作出來的茶葉，的確是的。但我們也不要忽略了那些與土地、茶樹相依相生，按部就班製出饒富風味好茶的茶農。支持這些默默耕耘的茶農，才是為「福爾摩沙台灣茶」留下命脈的唯一方法。

品味不同季節的茶香

認識季節與茶葉品質的關連

隨著不同季節的溫度、風向、濕度，以及日照程度不同，茶菁的內含物質也會有所不同，配合不同季節茶菁的內含物質，改變茶葉的製法，不同季節都能做出不同風味的好茶湯。

喝茶的人常講究喝冬茶或春茶，認為只有冬、春兩季產的茶品質才高，於是有「春茶做香，冬茶做水」的說法，似乎春、冬以外的茶都不值一顧。但是否真的只有冬、春兩季才有好茶？季節對茶葉的影響到底有多大呢？

地球繞著太陽運行，在不同時間點，太陽光的入射角度不同，日照長度也隨之增減，因此產生了四季變化。季節的變化除了改變日照，也直接或間接影響了氣溫、濕度、降雨、風向等氣候變因。此外，亦與茶園病蟲害的好發時間相關，對茶菁的內含物質組成與產量有絕對的影響，而茶葉品質自然也隨著季節的更替產生波動。

走訪茶區，可以發現，茶農劃分茶季還是依循農曆的節氣而定的。過去在缺乏肥培或灌溉的年代，一切都是看天吃飯。當節氣到了霜降，東北季風南下，北部茶區和高山茶區逐漸進入低溫，中南部茶區則進入旱季，可說是一年當中最後的一季茶葉收成。不過，現今在人為的介入下，寒冷的冬季，平均氣溫較低的十二月和一月，也可見茶農採茶製茶。

茶樹在低溫環境下的生長速度緩慢，溫度太低時甚至會休眠停止生長。在台灣，茶樹因品種的差異，與生長地區年有效積溫的不同，一年可採收的次數也不盡相同。四季春可忍受低溫，在平均氣溫較高的低海拔茶區或緯度低的台東，一年可採收六至七次，全年幾乎不休眠；青心烏龍不耐寒冷，在高海拔的梨山茶區一年只可採收二或三次。

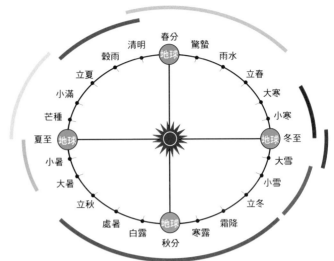

清明～立夏	春茶
立夏～夏至	頭水夏茶
夏至～大暑	二水夏茶
立秋～霜降	秋茶
立冬～大雪	冬茶
大雪～冬至	冬片茶
冬至～立春	晚冬茶
立春～清明	早春茶

■「春茶作香」的誤用與誤解

立春時節，各地的氣溫逐漸開始回升，平均氣溫較高的茶區，茶芽率先萌動，之後隨著各地茶區氣溫的回升，平均氣溫較低的北部茶區與高山茶區，春芽也依序紛紛冒出頭來。

冬季休眠期的茶樹茶芽因低溫而不萌發，葉子光合作用所生產的醣類因此大量累積於茶樹體內，等到春季氣溫回升，茶樹便大量萌芽，是一年當中產量最豐盛的季節。春季，是溫度較低、日照較和緩、相對濕度高的生長環境，有利於茶樹氮的代謝，因此蛋白質與胺基酸類含量比例是一年之中相對最多的季節。但相對低溫及短日照的生長條件，也抑制了茶樹碳的代謝，使得茶樹的多酚類含量較少，香氣物質的含量也較低（參見64頁）。

春茶產季時，產區會依循氣溫回升早晚的順序，依次採摘。傳統茶區在節氣進入立夏之前，春茶的採收算是告一段落；但中部及北部海拔高度接近兩千公尺的茶區，在此時才真正進入產季高峰，一直要到國曆五月底六月初，才算正式結束春茶產季。此時的節氣已到芒種，低海拔茶區的頭水夏茶已開始採摘製作。

❶春季的茶樹在溫度與水分充足的條件下，生長勢旺盛，節間長。❷冬季的低溫使得茶芽生長緩慢，節間相對較短。

「春茶作香」是茶區常聽到的行話，從氣候對茶樹內含物質的影響來檢視這個說法，的確有幾番道理。春季氣候導致茶葉可溶物質中的胺基酸與醣類含量比例較高，苦澀的多酚類物質含量少，茶湯相對甘甜。但是在低溫與短日照的生長環境下，不利香氣物質的生成，對半發酵茶的生產製造而言，未必有利。因此春茶的製作，著重在提升香氣的形成。

　　但是春天的氣候不穩定，製茶時往往容易起霧、下雨，導致相對濕度高、氣溫低、日照微弱，不利於進行日光萎凋與室內萎凋。這使得半發酵茶的製作在春季面臨了很嚴峻的挑戰。雖然茶葉中甘甜與苦澀的物質比例較其他季節而言來得高，但是經常缺乏適當的天候進行加工，製成的茶多半表現出太多苦澀，香氣類型偏向具有菁味，整體刺激性偏高。久而久之，這些茶在製作中未完整形成中高沸點香氣物質，只留下低沸點香氣物質，如此有製作缺失的茶，被學藝不精的茶商認為是良好的香氣表現，結果「春茶作香」一詞就這麼被誤傳誤用，苦澀的茶湯也隨之喝進了消費者的胃，實在是要不得。

■ 夏秋最適製發酵度高的茶類

　　夏、秋茶在消費者眼裡，往往被視為品質較春、冬茶低劣的季節，其實未必盡然。春茶採收後，節氣就來到立夏，氣候較溫暖的茶區，在小滿或芒種這段時間，就可採收頭水夏茶，在立秋之前，還可以採收第二次夏茶。長日照與高溫的生長環境會促進茶葉內多酚類物質的合成，雖然淨光合作用[①]產物累積量較少，胺基酸含量也不比春茶豐富，卻有利於香氣物質的合成。夏季的茶菁，如果製作得宜，反而能做出別具風味的茶湯。盛名滿天下的白毫烏龍，品質最好的產季就屬悶熱的初夏。

　　夏、秋茶製作時，因為苦澀的多酚類比例較高，若製成發酵度偏低的包種茶，茶湯刺激性太強，不適合多飲。但若是製成發酵度較高的烏龍茶，不管是白毫烏龍或番庄烏龍，都有絕佳的香氣與滋味表現。採收製造當天的天

---

① 淨光合作用（net photosynthesis）。定義：植物的二氧化碳淨固定量，等於總固定的二氧化碳量減呼吸消耗的二氧化碳量。

候條件是影響品質很大的因素。春季低溫潮濕，不利於製造發酵度高的烏龍茶或紅茶，反倒是在溫度較高的夏秋兩季，就原料及氣候而言，都適合製造發酵度高的茶類。

■「冬茶作水」的背後原因

茶農習慣將一年當中最後一次的收成稱作冬茶。在高山茶區，為了避開霜期，冬茶的採收必須提早。以福壽山農場為例，冬茶在九月中旬前後就開始採收，此時節氣尚在白露與秋分交替之際，嚴格說來還是秋天。如果修剪時間錯誤，則茶芽在還沒到達一定的成熟度之前，就會因為低溫停止生長，產量驟減，對茶農是很大的損失。各個茶區，不論海拔或高或低，得依照當地的氣候特性調節冬茶採收時間，否則就會血本無歸。

許多茶區的冬茶，雖然號稱冬茶，但實際上生長期間仍處於秋天。雖日照已經漸短，但日夜溫差大，有利香氣物質的累積。當茶樹面臨低溫的逆境時，大分子醣類會水解為蔗糖，以增加細胞內溶液的濃度，並降低凝固點以避免寒害。若東北季風南下得早，低溫除了對茶湯滋味有利，也會形成高雅的香氣物質，那麼製作冬茶就有較好的茶菁原料。

冬茶往往有比春茶形成較好香氣的自然條件，且在其他內含物質方面，隨著氣溫降低與日照縮短，多酚類物質代謝趨緩，含量也較夏秋季減少。此外，胺基酸含量也不如春茶與夏秋茶來得豐富。整體而言，冬茶的可溶物質減少，加上夜晚氣溫驟降，發酵作用難以啟動，因此製作時著重於促進多酚類物質的發酵，以帶動葉內蛋白質與醣類水解，增加可溶性胺基酸與醣類的含量，這也就是茶區為何說「冬茶作水」的緣故（見表1）。

表 1：各季節茶葉內含物質比較

	香氣物質	多酚類	胺基酸、醣類
春茶	較少	中等	較多
冬茶	較多	中等	較少
夏、秋茶	較少	較多	較少

包種茶與烏龍茶，在成品品質上各有特色，愛茶人也各有所好，無法直接評斷孰優孰劣。不同季節的茶葉，因為氣候條件的不同，使得內含物質的組成有所區別，適製性也不同。大自然巧妙地賦予了各個季節的茶葉擁有不同的個性，就等待製茶人欣賞其中的內涵，適性而製之，而非一股腦地將每一季的茶製作成同一個樣子，那就可惜了各季節茶葉獨特的內涵。喝茶的人若能領略其中奧妙，不但可以在各個節令買到物美價廉的好茶，製茶人和茶樹更會為自己遇到了知音而感動吧！

走入茶行、漫步茶區，是不是經常看到「採茶、揉茶，全手工少量頂級」或「極品手採茶」這樣的廣告詞呢？但好茶一定是手採嗎？還是手採就一定是好茶呢？機採茶的品質就一定不如手採嗎？

其實手採茶與機採茶各有優缺點，也有各自的歷史淵源。

早期農村勞動人口充足，所有的茶葉都以人工手採。在以外銷為導向的桃竹苗茶區，一九七〇年代開始實行機器採收作業。到了一九八〇年代，在以內銷為導向的名間茶區，隨著工商業的繁榮，農村人工外移，或轉為家庭式代工工廠，人力資源逐漸無法負荷茶葉收成的速度，於是改以機器採收來解決人工缺乏的棘手問題。在名間茶區還是以人工採摘的年代，所製成的茶葉若品質優良，常常被冠上凍頂烏龍茶的商標販售，品質甚至不輸凍頂茶。但當名間茶區開始以機器採收取代人工採收後，雖解決了缺工的問題，但因為配套措施的不足，反而造成名間茶的茶價一落千丈。

●剖心挽以拇指與食指腹自茶葉上方正交向下，從葉子下方約0.5公分的嫩梗處折斷，反覆採集數片茶菁，也不會折損葉片，是最為標準的手採方式。

認識採收方式、成本與品質關係

手採才會有好茶？

茶葉採摘最重要的是採摘時段，「午時菜」和「二午菜」採摘的茶菁含水量少，品質最高。機採茶較人工採茶容易控制採摘時段，所以機採茶的品質不見得比手採茶差。

■品質日漸進步的機採茶

茶芽的生長位置不同，人工手採可用肉眼判斷，採下適當的茶菁進行加工，採到老葉或破碎葉片的比例較少；機器採收的茶芽，或長或短，茶菁成熟度的不一較手採茶菁的比例高。早期的茶樹，在沒有經過適當修剪樹型的狀況下以機器採收，採出來的原料當然參差不齊，品質不佳。後來隨著耕作技術與採收技術進步，並且透過機械篩選與撿枝，機採茶的品質大幅提升。在名間茶區，機採茶品質超越手採茶者比比皆是。如今在坪林茶區，約有80%產量是以機器採收，機採茶的品質不僅超越手採茶，連同機採茶在批發及零售市場上的價格也勝過手採茶。從這個結果來看，機採茶的品質也是能得到應證的了。

台灣茶區目前兼行手採與機採的茶區為名間鄉，以生產一台斤毛茶所需負擔的採茶成本來看，手採茶為每台斤一七〇元，機採茶為每台斤三十五元（包含篩選與撿枝）。台灣其他的手採茶區，依地區的不同，每生產一台斤毛茶所負擔的採茶成本為二〇〇至三〇〇元不等。倘若在農業勞動力充足

❶手採茶區因人力缺乏，為了趕上採收期，常在雨天採茶製茶。雨天採茶對茶農而言成本增加，品質卻又比晴天低落，消費者喝了這樣的茶也容易犯胃痛，形成雙方皆輸的局面。❷機器採茶的成本低，速度快，容易安排在最適合採摘茶葉的時段採茶。只要輔以適當的茶園管理與後端的撿梗作業，雖然不若手採茶的外觀那樣完整，卻可製作出更為物美價廉的茶品。

的情形下，手採茶的工作可以創造出許多就業機會，溫飽許多家庭。一個技術熟練的採茶工，從早上七點工作到下午三點，最多可賺進三、四千元的收入。乍看之下這樣的收入十分優渥，但背後卻包含相當多的辛酸，與高山翻車的風險。且現在農村勞動力普遍不足，每到了茶葉盛產的時期，採茶工人往往無法配合在採茶的最佳時段採茶；在半發酵茶的製造工序裡，茶葉的採摘時段會影響成品的「高級頻率」，無法在最佳時段採茶，自然會影響茶葉製成後的品質了。

■「午時菜」與「二午菜」

根據茶樹蒸散作用的特性，上午十一點至下午三點左右所採摘的鮮葉，是一天中茶菁含水量最低的時段。茶農所稱的「午時菜」指的就是上午十一點至下午一點所採摘的鮮葉原料；「二午菜」則是指「午時後第二次集菁」的鮮葉原料，以目前茶農集菁的管理方式來看，約為下午一點至三點。不論是「午時菜」或「二午菜」，含水量都相對較低，容易製造高級品。當「午時菜」集菁後運送至工廠進行日光萎凋，此時日照仍較強烈，因此萎凋工序需小心謹慎，否則茶菁容易萎凋過度；「二午菜」的曬菁時段，太陽輻射較為緩和，在操作上便有別於「午時菜」，且易於掌握。高山到了下午常常起霧，因此三點進廠的茶菁，時常因為天公不作美而萎凋不足。

●機採的茶葉葉底多呈現單葉或有破碎面（圖左），手採的茶葉葉底多為枝葉連理（圖右）。但是美觀的葉底與香氣滋味並不一定成正比。

鮮葉離開樹體後，失去土壤的水分供應，鮮葉水分的變化便由日輻射強度、氣溫、相對濕度、風速等因子主導。日光萎凋又稱「曬菁」，茶區裡有句話說「看菁曬菁、看天曬菁」，那是因為不同的茶樹品種、茶葉成熟度、氣候條件，均有相應的曬菁方式。在相對濕度大、雲層厚、氣溫低、無風的條件下，葉片蒸散作用不旺盛，難以達到適當的萎凋程度，如何克服不佳的天候製茶，便考驗著製茶人的智慧與耐心。在茶區採茶人力不足的情況下，想要挑選鮮葉含水量較低的時段，同時以人工手採的方式採茶，在實務操作上的難度很高；在露水未乾或雨天採茶，在高山茶區早已見怪不怪。

　　在台灣除了名間機採茶區外，其他茶區幾乎都仰賴人工採茶，加上中高海拔茶區幾乎只栽培青心烏龍此單一品種，在氣溫的主導下，導致產地條件相似的地區春芽萌發與採收的時間重疊。加上春季產量為一年中最多的時節，在氣候不穩定（多雨）、採茶工數量不足的情況下，春季採摘成熟度往往不足，工廠超量進菁，導致茶湯偏苦澀，香氣也不高揚。

　　機採茶每小時可採收的茶菁數量，至少可抵一百位經驗豐富的採茶人力。因為速度快，可選擇在最佳的時段採茶，製成高級品的機率就大增。如果使用機採，在產季的高峰期，因為採茶工人的調度受氣候影響的情形，如：緊縮、錯過或提早製造半發酵茶要求的合適成熟度等狀況，也會大幅減少。另可避免在天候狀況不佳的情況下製茶，大幅提升製茶品質，以增加茶農的收入。

　　茶產業結構嚴重扭曲，仰賴大量勞力的採茶工作供需失衡，是導致茶葉品質不升反降的因素之一。「強摘的果實不甜」，這句話正足以說明當今台灣的茶葉。人工手採的傳統在新的時代、不同的時空背景下，需要輔以面臨人力不足的替代方案——機器採收，才是正本清源的方式。因應機採趨勢的必然，也必須投入更多資源去研發改良設備，這對台灣的茶產業才是一個正面的發展助力，消費者也才能喝到更加物美價廉的好茶。

Chapter 2

手握、聞香、開湯、品嚐

挑選好茶的方法

關於茶葉化學

從科學角度認識茶葉的香氣與滋味

多酚類是茶湯苦澀味的來源，這種苦澀可在飲茶時誘發生津和回甘；蛋白質和胺基酸是鮮味、甘味和甜味的來源，並可與其他物質結合產生新的香氣物質；醣類的功能則在緩和多酚類的苦澀味，並增進香氣與茶湯的濃稠甜香。

茶葉品質好壞的判斷，長久以來都是以感官評比為主，但茶葉屬於嗜好品，濃淡香臭各有所好，在你一言我一句的論調中，茶葉的品質好壞不容易有共識。茶葉化學看似一門枯燥的學問，卻與茶葉品質形成有絕對的關係，瞭解茶葉化學，才能真正客觀、科學地評估茶葉的品質和風味。

茶葉的內含物質很多，影響茶湯滋味的有以下幾種：多酚類、生物鹼、蛋白質和胺基酸、醣類、香氣物質、維生素和礦物質、茶皂苷。多酚類是茶湯苦澀味的來源，這種苦澀可在飲茶時誘發生津和回甘；生物鹼具有苦味；蛋白質和胺基酸是鮮味、甘味和甜味的來源，並可與其他物質結合產生新的香氣物質；醣類的功能則在緩和多酚類的苦澀味，並增進香氣與滋味。

■ 茶湯苦澀味的來源——茶多酚

茶多酚是茶葉中最主要的化學成分，是茶葉滋味的主體。過去認為茶湯的苦澀味來自於單寧（鞣質），後來證實茶內所含物質的化學結構更為複雜，與單寧不同，稱為「縮合單寧」，如今我們所說的茶單寧指的就是茶多酚（Tea Polyphenols）。茶多酚又可分為「黃烷醇類」、「黃酮類」、「花青素類」等數類；其中「黃烷醇類」（即「兒茶素類」）」占茶多酚總量約70至80％，是滋味的主要來源之一，影響茶葉品質很大。

兒茶素類包含物質「兒茶素」（catechin, C）、「沒食子兒茶素」（Gallocatechin, GC）、「兒茶素沒食子酸酯」（Catechingallate, CG）、「沒食子兒茶

素沒食子酸酯」（Gallocatechingallate, GCG）及其對應的異構物。其中「兒茶素」（C）、「沒食子兒茶素」（GC）及其所對應的異構物稱為「簡單兒茶素」（游離型兒茶素、非酯型兒茶素），「兒茶素沒食子酸酯」（CG）、「沒食子兒茶素沒食子酸酯」（GCG）及其所對應的異構物，則稱為「複雜兒茶素」（酯型兒茶素）。

　　茶的苦澀味是來自茶多酚與口腔中蛋白質結合所產生的感覺。茶多酚中的兒茶素類有不同的味覺感受：簡單兒茶素（包含C, EC, GC, EGC）較不苦澀且爽口，收斂性較弱；複雜兒茶素（包含CG, ECG, GCG, EGCG）苦澀味較重，同時收斂性也比較強。收斂性為茶湯入喉以後，口腔內的刺激感，這種刺激感可能帶來生津、回韻或存在於舌面的粗糙感。

　　茶葉加工所謂的「發酵作用」說法，長久以來是一種誤解，正確來說，在製茶過程中帶動茶葉化學變化的並不是發酵，而是「酶促氧化」作用。茶葉中的酶（enzyme）屬於蛋白質，在台灣稱做酵素。在一定的溫度、酸鹼值及反應物質濃度下，會帶動茶葉中多元酚類的氧化還原反應，連帶也促進其他內含物質的變化。這一系列複雜的生物化學反應，是形成茶葉品質的重要關鍵。

　　不發酵茶（綠茶與黃茶）的製作中，茶葉中的酶在短時間內被高溫中止活性，抑制發酵作用的進行，因此保留了大部分未氧化縮合的兒茶素類物質。而全發酵茶（紅茶）的加工工藝中，茶葉內的兒茶素類物質經發酵作用的推動，則轉化為茶黃素、茶紅素及多種兒茶素氧化縮合物質，只保留少量未氧化的兒茶素類。半發酵茶（青茶）透過獨特的製造工序，保留了一部分未氧化的兒茶素類物質，另一部分的兒茶素類則藉由複雜的氧化還原作用，形成不同於茶黃素與茶紅素的聚合物。茶黃素、茶紅素、茶褐素等茶葉發酵產物是是構成茶湯色澤的主要來源，而這些發酵產物的顏色，能從字面上清楚分辨。

　　兒茶素類以外的多酚類物質，如黃酮類與花青素類，會在鮮葉中與醣類分子結合形成醣苷。黃酮類物質含量雖然比兒茶素類少，但是據目前研究指出，只要極低濃度的黃酮類就會產生苦味及澀感。黃酮苷在製茶過程若水解

為黃酮及醣類，則甜度提升，苦味降低。花青素類同樣具有苦味，並且其苷元水溶性比黃酮類高，此類的物質在夏秋季含量較高，若發酵不足，過重的苦味對成茶品質來說是一項不利的因素。

▢ 刺激中樞神經興奮的生物鹼

「咖啡鹼」（即咖啡因）、「可可鹼」和「茶鹼」是茶葉中主要的生物鹼，其中以「咖啡鹼」含量最高，占茶葉乾重約2％至4％；其次為「可可鹼」，約占0.05％；再其次為「茶鹼」，約占0.002％。「茶鹼」屬於「生物鹼」的一種，是植物體內的含氮化合物，因具有複雜的組成與生理作用，自古以來便被作為藥用。

在製茶過程中，高溫殺菁工序的有無會影響咖啡鹼含量。經由適當加熱，咖啡鹼在120℃可以昇華，在180℃會大量昇華。

咖啡鹼是一種中樞神經的刺激物，適量攝取有提神及減低疲勞的作用，也可舒緩頭痛症狀，過度的攝取則對身體會有不良反應。茶鹼在茶葉中的含量約為咖啡鹼的千分之一，醫學上應用於呼吸系統疾病的治療。許多媒體宣稱茶葉中的茶鹼是造成胃部不適的元兇，其實有待商榷。一來茶鹼在茶葉中的含量極微，二來以目前的科學研究尚未能證實茶鹼對消化系統確實有影響。

根據國外對喝咖啡引起的胃酸分泌的臨床研究資料，咖啡鹼對人體腸胃不適影響的程度和大眾所認知的並不相同。飲用咖啡所造成的腸胃不適，可能是因為咖啡中的其他物質所產生的作用，而非咖啡鹼所造成。但本身已患有消化性潰瘍的人，可能會因為攝取咖啡鹼而增加胃酸分泌，使病情加劇。

以相同重量的咖啡與茶葉做比較，茶葉中的咖啡鹼含量並不一定比咖啡來的少，但沖泡一杯咖啡所使用的咖啡豆重量一定比沖泡一杯茶來得高，所以喝咖啡會有影響睡眠的可能，反之茶葉的影響則較小。因為喝茶而影響睡眠的人，可以選擇烘焙程度較高的茶葉；在烘焙的過程中，茶葉中的咖啡鹼會隨著溫度的提高而逸散於空氣之中。

■ 茶湯甘甜滋味的來源——蛋白質與胺基酸

茶葉中的胺基酸以兩種不同的形式存在，一種是構成茶葉內蛋白質的胺基酸分子，另一種為存在於茶樹體內的游離態胺基酸。茶葉乾物重中約有7%游離胺基酸，占茶湯所有可溶性物質約15%；蛋白質占茶葉乾物重約20%，絕大部分不溶於水，只有少部分的蛋白質不會因為製茶過程中熱的作用而凝固，對茶湯滋味有些微貢獻。

目前發現茶葉中可溶解的游離態胺基酸種類共二十六種，許多胺基酸具有鮮、甘、甜的滋味，並且在製茶過程中轉變為香氣物質。「茶胺酸（theanine）」占游離態胺基酸總量的50%至70%，是影響茶葉品質的重要元素。

不溶於水的蛋白質，一部分可在製造過程中，分解為游離態胺基酸，進而與其他物質合成新的香氣物質，對茶湯滋味與香氣亦有貢獻。茶葉中的酶也是蛋白質，雖然本身不溶於水，但是茶葉的發酵作用不能沒有酶的參與。

茶胺酸具有焦糖的香氣及味精的鮮爽味，有助於提升茶湯的滋味表現。報導指出茶胺酸有助於舒緩神經緊張及提升注意力。還有部分研究認為胺基酸有中和咖啡因對中樞神經興奮的作用，和各項研究的成果一致。在從事茶業數十年的經驗裡，也經常觀察到滋味甘甜且苦澀度低的茶，比較不會影響睡眠。藉由對茶樹如何合成茶胺酸機制的瞭解，目前市面上已經出現由人工合成的茶胺酸衍生商品。

■ 使茶湯更加濃稠甜香的醣類

茶葉中的醣類以不同的形式存在，可溶性的醣類是茶湯甜味及香氣的來源，對茶湯中帶有苦澀味的多酚類物質有協調作用，含量越高，滋味越甘甜。茶葉中大部分的醣類為多醣，若製造工藝發揮得當，部分的多醣可以降解為可溶性的醣類及果膠物質，增加茶湯的甜味；其中可溶性果膠物質對茶湯濃稠度有提增的效果，在製作過程中可藉由水解酶的作用增加。

醣類是人類重要的營養來源，從各種穀物均可獲得。茶葉中的醣類主要功能為增進茶湯香氣與滋味，緩和多酚類的苦味及澀味。脂多醣是一種大分

子的醣類化合物，據文獻記載有增強免疫能力，進而可對抗輻射和抗癌症等作用；然而，除非將茶葉吃進肚子，否則這樣的成分是無法藉由沖泡而溶解於茶湯中。

■ 形成茶湯香氣的重要成分──香氣物質

茶葉香氣物質占內含物質不到0.1％的比例，重要性卻一點都不輸含量高的多酚類物質。香氣來源的一部分為鮮葉中原有的揮發性化合物，一部分則來自於類胡蘿蔔素、萜烯類、醣類、胺基酸等物質透過加工所形成。

■ 參與茶湯滋味形成的維生素與礦物質

茶葉中含有各種維生素，但大部分都不溶於水。如維生素A、D、E、K，這些脂溶性的維生素以一般的茶葉沖泡方式是無法攝取的。茶葉中可溶的維生素種類為水溶性的維生素B群及維生素C。缺乏維生素C易引起壞血病，維生素B群對人體有更為多元的保健效果。這些的確可藉由飲用茶湯而攝取，但茶湯中還有其他具有刺激性的物質，如咖啡鹼與多酚類，在飲用茶湯時會與維生素同時被人體吸收，所以過量飲茶還是可能對人體產生負面作用。由於製造工藝的不同，等量的綠茶與紅茶茶乾，綠茶所含的維生素C較紅茶高。但維生素C會隨著儲存的方式與時間而氧化失去營養價值，因此綠茶的品飲比其他茶類更講求新鮮。

茶葉中含有鉀、鈉、鎂、鐵、鈣、錳等金屬元素，都是人體必須的礦物質。特別是茶葉中所含有的氟，與骨骼及牙齒的健全關係密切。報導指出茶葉中的硒有抗癌、抗衰老、保護免疫系統等作用。茶葉中的礦物質元素，與茶園的土壤母質有關，《茶經》中說「上者生爛石、中者生礫壤、下者生黃土」，部分原因就是因為土壤中的礦物質種類及含量多寡，對所產出的茶湯滋味有很大的影響。對發酵茶類而言，礦物質扮演著輔基的角色，參與各種形成品質的生物化學反應。

■ 可刺激喉頭生津的茶皂苷

茶皂苷又稱皂素，是結構複雜的醣苷類化合物。一九三一年時由日本學者從茶樹種子中分離出來而命名。而後隨著分析技術的進步，還一直有不同的茶皂苷被發現。廣義來說茶花皂苷（Floratheasaponin）也可歸類為茶皂苷的一種。皂苷難溶於冷水，可稍溶於溫水，味苦而辛辣，對咽喉有刺激性，起泡性強。傳統醫學中使用的人蔘、五加、黨蔘、白頭翁、三七等植物中均有皂苷。

有文獻指出茶皂苷有抗菌、抗癌、抗高血壓、抗氧化、抑制酒精吸收、保護胃腸及驅蟲等作用。不過，若正式使用在醫療用途上，無論是美國或歐盟地區都尚無相關的規範。在巨大的商業利益推動下所宣傳的內容，多半建立於非常基礎的生化實驗階段，或是刻意忽略實驗中的其他現象所建構起的不完整資訊。

■ 隨茶葉成熟度不同而變化的內含物質

茶葉內含的各種化學物質，相互合作形成茶湯豐富多元的滋味。但要注意的是，茶葉的各項內含物質除了隨品種、產地有所不同，也會隨著成熟度而發生變化。針對不同茶類的製造，就有對應的採摘成熟度，應該採摘不同的新梢部位。以鐵觀音茶樹新梢的內含物質為例，較苦澀的多酚類物質，以及胺基酸與咖啡鹼，會隨著成熟度提高而降低；而香氣物質（包含類胡蘿蔔素、β胡蘿蔔素）則會隨成熟度提高而增加；醣類隨成熟度增加更是大幅度地增加（見表1）。觀察茶葉化學成分的組成，我們才能清楚掌握採摘成熟度對不同茶類製造所代表的意義。

表 1：青茶（鐵觀音）鮮葉不同葉位主要化學成份（%）

項目	第一葉	第二葉	第三葉	第四葉	第一、三葉增減率
多酚類	22.6	18.30	16.23	14.65	-28%
兒茶素	14.74	12.43	12.00	10.50	-18%
胺基酸	3.11	2.92	2.34	1.95	-24%
茶胺酸	1.83	1.52	1.20	1.10	-34%
咖啡鹼	3.78	3.64	3.19	2.62	-15%
類胡蘿蔔素	0.026	0.036	0.041	--	+57%
β 胡蘿蔔素	0.00624	0.00672	0.00802	0.1086	+28%
醚浸出物	6.98	7.90	11.35	11.43	+62%
還原醣	0.46	1.34	2.39	2.56	+419%

資料來源：《茶業化學》中國科學技術大學出版社

在茶葉研究的科學成果愈來愈多之後，我們對茶葉的本質也有了更深的認識。半發酵茶的製造工藝，是所有茶類加工方式中最晚形成的一種，製作工序也比其他茶類複雜，其姿態千變萬化，更為人津津樂道，感嘆茶葉學問的高深。

藉由茶葉化學的進展，我們才能逐漸釐清各種香氣與滋味的形成機制。雖然普遍認為茶葉的發源地為中國，但是對茶葉科學深入的探究，從一九六〇年代英國學者E. A. Houghton Roberts針對發酵進行研究，到近年來對茶葉發酵研究貢獻卓越的日本學者Takashi Tanaka，重要的研究成果都是來自外國學者。台灣人以半發酵茶製造工藝為傲，對茶葉科學的基本教育卻是付之闕如，反而在茶道美學、哲學方面大作文章，是本末倒置的行為。台灣的高等教育體系中欠缺專門研究茶產業的系所及研究人員，而中國卻投入大量的資源與人力進行研究，其成果已經遠遠超越台灣。台灣的茶業有長久的優良傳統，倘若不趕快在茶葉的基礎研究加緊腳步、急起直追，Formosa Oolong Tea的名頭，想必也將淹沒在歷史的洪流之中。

尋找喜好香型的四個線索

茶香哪裡來？

愛茶人「找茶」，第一步是要先確認自己喜愛的香型，這可以由品種香、產地香、季節香與工藝香四個線索判斷決定。

喝茶不外是品味茶湯的色、香、味，茶香占茶品質的重要部分，但我們在品茶的同時，卻很少想過，茶的香味有哪些組合？如何客觀地分析它？茶葉的製作過程中，有哪些步驟會對茶最後的香氣產生決定性的影響？茶葉的香氣物質（flavor and aroma）含量雖只含茶乾重量0.01％至0.05％，卻與品質優劣有很大的關係。有些茶初聞時香氣四溢，卻旋即消失；有些茶乍聞之下沒有明顯的香氣，入口後的香氣卻直衝腦門，餘韻不絕。茶葉香氣物質的組成，與茶樹的品種差異、產地特性、季節氣候與製造方式息息相關。香氣類型的喜好因人而異，而各種香氣的形成有其脈絡可尋，一般行家會以品種香、產地香、季節香與工藝香四個線索，來找出自己喜歡的香型，或由此擴展自己品茶的範圍。

■線索一：品種香

茶樹的葉片組織中，柵狀組織比海綿組織有更多的香氣物質，而一般中小葉種茶樹比起大葉種茶樹有較厚的柵狀組織，所以香氣物質的含量高，多被用來製作不發酵茶或半發酵茶。大葉種茶樹雖然本身的香氣物質比例較低，但透過製造工藝可形成怡人的香氣，多半被用來製作全發酵茶或半發酵茶。

不同品種的茶樹各有其不同的品種香，在半發酵茶的各個產區，都已各自發展出主要的栽培品種且各有特色。台灣主要是青心烏龍、金萱、翠玉、四季春等品種最為流行；閩北地區則以大紅袍、鐵羅漢、水金龜、白雞冠、半天腰、肉桂、水仙等品

種著名；閩南地區常見的品種為鐵觀音、黃金桂、毛蟹、本山、佛手、水仙等。各品種有其獨特的「品種香」。像是青心烏龍，北部茶區以「種仔旗」、中南部茶區以「烏龍旗」形容其特殊的品種香氣；著名的品種鐵觀音以「觀音韻」、「音韻」或「觀音薜」來形容其品種香。品種香難以用明確的文字來描述，最好還是同時試喝不同品種的茶湯，細心比較差異，才是最好的學習方法。

▢線索二：產地香

同樣的茶樹品種，種植在不同的地區，因為日光輻射強弱、日照時間長短、茶園方位座向、氣溫高低、降雨量多寡、土壤物理化學性質、施肥種類與周遭生態環境等不同的因素，會產生截然不同的產地香氣。

一般認為在海拔較高或緯度較高的茶區，因為氣候等先天生態條件有利於茶樹的香氣物質代謝累積，或新開發的土地，可能有較豐富的礦物質含

●山區的氣候特性與地理環境優異，若輔以良好的茶園管理措施，由於茶葉的內含物質豐富，製作出的茶香香氣宜人。但若是將高山茶的菁氣認定為茶香，便與半發酵茶應有的欣賞方式脫鉤。

量，普遍被認為是優質的茶樹栽培地區。但在先天生態條件較為一般的地區，若有良好的茶園管理策略，也可以生產出含有良好香氣物質的茶菁。

茶葉的香氣物質，是在茶樹新梢累積一定的光合作用產物後，光合作用的速率大於呼吸作用時，開始大量形成。但以目前大多數的茶園管理，茶園為了追求茶湯中可溶性的胺基酸含量與單位面積產量，因此大量施用肥料，使得茶樹的氮代謝過於旺盛，加上採摘的成熟度偏低，碳代謝產物累積量少，結果造成茶葉中的香氣物質含量偏低，泡出來的茶湯自然缺乏香氣。

茶樹栽培方式與採摘成熟度決定茶菁內含香氣物質的多寡和種類，是茶葉香氣形成的基礎。以半發酵茶來說，成熟葉片內含量豐富的香氣物質前體，在製造過程中產生出新的香氣物質及滋味，才是半發酵茶與綠茶最大的不同點，也是半發酵茶重要的香氣來源。因此，與其一味地購買高海拔地區茶園的茶，不如改向管理好的優良茶園購買；一方面鼓勵優秀的茶農，又能保障茶葉的品質。

■線索三：季節香

屬單一產地的單一品種，隨著季節氣候的變化，內含的香氣成分組成也會不同。即便是鄰近的茶園，在相同的季節，也會因為茶園的坡向差異，而有不同的香氣表現。在較為潮濕且日照短的春季，香氣較為清新優雅；而乾燥的秋冬季節交替時，香氣高揚，俗稱「秋香」。春冬兩季的茶，適合製造包種茶類；夏季的高溫生長環境，有特殊的季節暑味，雖不比春冬兩季的香氣細緻優雅，但若製作成紅茶或烏龍茶，會表現出優良的香氣。若想確切感受何為季節香，可挑選單一產地、單一品種，不同季節的茶葉，比較香氣的差異，便能實際體會。

■線索四：工藝香

製造加工是決定茶葉香氣優劣最重要的因素，而採製當天的天候則是能否製造高級品的先天條件。茶葉的成熟度、茶葉採摘時段、製茶工廠空間大小與茶菁採摘量的比例、製茶人的操作方式，是決定香氣優劣的後天因素。

天候的變化非人力能完全掌控，然而隨時順應天候調整採摘時間、採摘量和控管細部的製造流程是確保香氣品質的關鍵。

茶菁的成熟度決定了茶葉香氣的種類與含量。不發酵茶以採摘嫩芽或帶芽嫩葉為高級品，茶菁成熟度低，含有的香氣物質種類與總量少。半發酵茶中的包種、烏龍、鐵觀音茶類以採摘形成駐芽的成熟對口葉為適當原料，香氣物質種類與總量多。半發酵茶中的白毫烏龍茶原料是採摘遭小綠葉蟬吸食後的細嫩茶菁，香氣種類與總量雖少，但具有因為蟲害而產生的特殊蜒仔氣，在半發酵茶中獨樹一格。全發酵茶以芽或帶芽嫩葉為原料，伴隨著發酵作用而形成大量的香氣。

不同的製造流程所形成的香氣各有其特色，不發酵茶類採摘鮮葉後迅速藉由高溫殺菁固定品質，表現出清新的香氣；其香氣品質優劣取決於鮮葉的內含物質與殺菁工藝的表現。全發酵茶透過萎凋、揉捻與發酵等步驟，形成有別於綠茶的沉穩香氣，最終以高溫乾燥，降低含水量至一定程度以穩定品質。而半發酵茶的製作融合了不發酵茶與全發酵茶的製造工藝，透過萎凋、攪拌、靜置發酵、炒菁、揉捻與乾燥等步驟，形成豐富且多元的香氣。半發酵茶香氣形成的過程有許多階段，從採摘開始就已產生影響。如在一天當中不同的時段採茶，因為水分含量多寡的不同，製造出的茶葉香氣就會不同。半發酵茶的採製，清晨帶露水或水分含量高的茶菁，製造出的香氣不揚，易帶有「露水菁」；中午時段採摘的茶菁，含水量少，容易製造出怡人且高揚的香氣，「午菜味」明顯；下午以後日照漸弱，茶菁水分含量較中午時段增加，且日照減弱不利於製作，如果在此時採摘，常有因萎凋不足產生的「暗菜菁」，香氣不好。但手採茶區常因為勞動人力調控不易，無法集中在理想的採收時段採茶，香氣品質會因為大量的早菁與晚菁而下降。

採收回來的茶菁，在攤涼後，首先要進行日光萎凋。萎凋的過程除了會讓鮮葉的含水量減少，大分子的香氣物質也在此時藉由太陽光的熱和葉內的酶作用，逐漸分解為小分子的香氣物質，為後續發酵階段的香氣合成提供足夠的先質，低沸點的菁臭氣則在此時同時揮發。若空氣中的濕度偏高、氣溫低、通風不良、萎凋場地過小或茶菁採收量過多，都會增加萎凋的困難度，

這些現象普遍發生於高山茶區。當萎凋程度不足，就無法充分完成後續加工過程的香氣轉化。雖然也可加溫進行萎凋，但加溫萎凋只是在氣候狀況不理想的情況下，以機械設備改善空氣的流動性、溫度及濕度等影響萎凋進行的環境條件，彌補製茶天候不佳時不利萎凋作業進行的劣勢，並無法作到如同日光萎凋般的效果。日光除了提升茶菁的溫度，藉由熱對流促進走水的效果外，日輻射的作用更提供萎凋葉另一種能量來源，有利香氣物質轉化。加溫萎凋僅止於以熱對流的方式促進茶菁的走水，缺少有利香氣形成的輻射能，製成的茶葉香氣表現就不如日光萎凋來得好。

「日光萎凋」是製作半發酵茶的關鍵，就好比開車上路，首先要啟動引擎，當引擎啟動了，後續的入檔、放煞車及踩油門才有意義。萎凋的工序掌握得當，不代表就一定能製出好茶，但絕對是製作好茶不可輕忽的關卡。一旦引擎發動了，還要依照路況的不同，小心且大膽地往前進，中途可能遇到路況不佳，或不守規則的其他駕駛或行人，都要耐心地排除這些變數，才能順利抵達終點。

●日光萎凋是決定半發酵茶香氣高低與優劣的重要工序，清香與菁氣往往是一線之隔，日光萎凋的掌握是決定性的關鍵。

「室內靜置與攪拌」是形成香氣的第二道關卡。靜置的目的類似日光萎凋，不過，是處於一個相對較低溫的環境之下，持續讓水分緩慢蒸散，以促進大分子香氣物質的分解。「攪拌」讓茶菁的水分重新分布，為下一次的靜置走水做準備。攪拌會讓葉肉細胞含水量增加，酶的活性被抑制，以免在香氣物質含量尚低的情況下提早開始進行發酵。在靜置與攪拌的交替過程中，茶菁的水分減少到一定的程度，讓香氣物質的前體在這個過程中大量形成與累積，為接下來的大浪與靜置發酵奠立良好的基礎。

「大浪」就是程度較重的攪拌。重度的攪拌讓茶菁產生劇烈的物理性破壞，使內含物質與酶充分接觸，並且氧氣得以進入組織細胞中，一同參與後續的「靜置發酵」，促使香氣形成。如果在前面階段的萎凋程度不足，大浪時就會因為缺乏足夠的香氣物質前體，無法在堆菁發酵時促進香氣大量合成。茶葉的發酵雖然是以兒茶素類物質的氧化作為指標，但是在發酵過程中，一系列的生物化學反應伴隨著兒茶素類發酵而進行，香氣物質也在此時同時轉化，使低沸點的香氣物質前體大量合成為中高沸點的香氣物質。

大浪之後是靜置發酵。當靜置發酵完成，利用高溫「殺菁」除去殘餘的低沸點青草氣，促進中、高沸點的香氣物質形成，這個過程中包涵了各種香氣物質的裂解、酯化和異構化等等化學作用，香氣的種類與優劣也決定於此刻。

條型的半發酵茶經過揉捻及乾燥後即為毛茶，比起需要再經由團揉整型的半球型或球型半發酵茶來說有較好的香氣（aroma）。原因在於團揉過程中，香氣物質在熱、壓力及空氣的作用下揮發，或更進一步形成沸點較高的香氣物質，成為茶葉的香味（flavor）[1]。

---

[1] Aroma是直接由鼻子聞到的香氣，而flavor是進入口腔後，在口中與鼻腔形成的香味。香氣是所謂的鼻前嗅覺或直接嗅覺，香味則指的是鼻後嗅覺或間接嗅覺。

● 球型茶經歷「團揉」工序，過程中中低沸點的香氣物質在團揉過程中轉化，因此「香氣」表現不如條型茶來得高揚，轉為內斂。反之，茶湯滋味則較為醇和，有較好的「香味」。

半發酵茶產生良好的香氣（aroma）與香味（flavor）的過程，受以上種種因素影響，錯綜複雜且變化多端，所以它的風味才會如此迷人又難以理解。

　　不過一般市場上常常把「菁氣」當作「清香」，這實在是一個誤解。採下的茶菁若直接殺菁，熱水沖泡後會有撲鼻的青草香。但若透過半發酵茶上述漫長的製造流程，原本屬於低沸點的香氣物質，會因為加工而轉化，熱水沖泡後不會隨著水蒸氣揮發至空氣中，透過「直接嗅覺」（Orthonasal Olfactory，或稱「鼻前嗅覺」）傳達到我們的大腦，便沒有了撲鼻的香氣。市場上，許多生產者、銷售端或消費者，誤認為「菁氣」代表的是高山產區應有的特色，但是從茶葉製造的觀點來看，其實是加工技術掌握不當所致。

　　帶菁氣的茶湯必然苦澀，不利於茶湯的品質。若是製造技術掌握得當，菁氣大量揮發或轉化，怡人的花果香會大量合成。茶湯入口時，「間接嗅覺」（Retronasal Olfactory，或稱「鼻後嗅覺」）使我們感受到強烈的香味，喝了齒頰留香。當茶湯飲盡，就連杯底都會持續散發出香氣，待杯子冷了，香氣仍緊緊依附在杯壁上，甚至到隔天，持續飄盪著清香。

●陰雨天或晚菁因為缺乏日光，往往改以機械熱風萎凋取代日光萎凋。熱風萎凋雖仍可以促進茶菁的水分蒸散，但因缺乏日輻射的作用，部分內含物質無法完整轉化，難以製造出高級品。

「兒茶素」是一種多酚類，是構成茶葉滋味的的主要物質；而茶葉中多酚類的氧化還原反應，則是形成茶葉品質的重要關鍵。茶的苦澀味主要來自兒茶素與口腔中蛋白質結合所產生的感覺。兒茶素又可區分為「簡單兒茶素」與「複雜兒茶素」兩大類，簡單兒茶素味覺收歛性較弱，較不苦澀且爽口；複雜兒茶素味覺收歛性強，較為苦澀（見表1）。

表1：不同兒茶素的苦澀差異比較

簡單兒茶素 （游離兒茶素）	複雜兒茶素 （酯型兒茶素）
較爽口而不苦、 收歛性較低	較苦、收歛性較強
成熟葉含量較高	嫩芽葉含量較高

◎影響茶葉苦澀程度的原因，主要與茶樹品種特性、產地自然環境、採摘標準及製造工藝相關。

■ 品種不同引起苦澀味的多酚含量就不同

大葉種茶樹葉子中的柵狀組織與海綿組織比例約為1：2，小葉種約為1：1。柵狀組織中主要含有葉綠素與類酯類等香氣物質，而海綿組織中含有大量的多酚類物質。大葉種茶樹葉子的海綿組織較為發達，引起苦澀味的多酚類物質含量比小葉種茶樹高。因此依據茶葉先天條件的不同，大葉種茶樹一般適合製造發酵度高的紅茶，大量的多酚類物質可藉由酶促氧化作用（發酵）增進多酚類物質的氧化聚合，減低苦澀感。小葉種茶樹由於有較豐富的香氣物質與葉綠素，適合製造不發酵的綠茶或半發酵的青茶。

苦澀哪裡來？

化苦澀為醇和的四個關鍵

茶葉的苦澀來自茶菁內含物質中的多酚，不同產區、品種、季節的茶菁多酚含量不同，但可以藉由良好的製作過程，將苦澀轉為醇和。製作不良的茶湯，苦澀是典型的表現。

▢ 產地自然環境會影響多酚物質的代謝合成

茶葉嫩芽葉中的多酚類物質含量隨一年四季而變，大致上以春季含量最低，夏季最高。這樣規律的現象，主要因氣溫、降雨量、日照強度、濕度、茶園座向等自然環境因子而變化。在夏季高溫與長日照的環境下，有利於多酚類物質代謝合成，多酚含量較多，因此在夏天或低海拔地區採摘的茶菁，愈需要以重發酵製造，其茶湯愈不會苦澀。茶園座向、濕度高低、遮蔭多寡等因子，也同樣會影響茶樹的溫度與日照強度，多方影響多酚類物質的含量。在高海拔或緯度較高地區因氣溫較低，或多雲霧的環境使日照強度較弱，茶樹呼吸作用減緩使得多酚類物質合成速率較慢，故含量較少。

▢ 採摘標準不同茶湯的苦澀度就不同

綠茶採摘以嫩芽葉為標準，越高級的綠茶採摘越精細，像是著名的碧螺春，就只採如穀粒般大小的粟粒芽。茶的嫩葉中兒茶素的含量高，而不發酵

未形成駐芽的嫩芽

駐芽

●已形成駐芽的成熟葉（圖左）與尚未形成駐芽的嫩芽葉（圖右）中，複雜型兒茶素與簡單型兒茶素的組成比例不同。茶湯的苦澀程度的高低與採摘茶菁成熟度相關，製作甘醇的半發酵茶類，首重採摘形成駐芽的開面葉。未形成駐芽的原料雖然也可以用以製茶，但製作後茶湯滋味不及已形成駐芽的開面葉。

的綠茶又保留嫩芽葉中大量兒茶素類物質，特別是滋味較為苦澀的複雜兒茶素，因此沖泡綠茶的要領在於少投葉量並且用較低的水溫沖泡。

半發酵茶採摘已形成「駐芽」、成熟的「對口」一心二葉或一心三葉為最佳原料，內含較多的醣類與香氣物質，苦澀的複雜兒茶素含量較少，經由適度地萎凋、攪拌、發酵及炒菁等工序，使茶湯苦澀味降得更低，轉為濃稠而甘甜。若採摘成熟度不足的鮮葉，或製造工藝掌握不當，製作出的茶湯苦澀度就會高，就算製作良好，收斂性也不如成熟葉來得細緻。

☐ 製造工藝是轉化苦澀為醇和的關鍵

鮮葉中不可溶的大分子醣類物質分解為可溶性小分子醣類、不可溶的蛋白質分子分解為可溶性胺基酸，以及特殊的品種香氣，都是藉著半發酵茶特有的製造工序才得以發揮。胺基酸與醣類的甘甜，可以緩和茶葉中的苦澀，為茶湯帶來更醇和的滋味。不過，目前市場上流行向綠茶風味靠攏的輕發酵烏龍茶，使得茶菁原料採摘標準轉為帶嫩芽的一心二葉或一心三葉，雖然採摘成熟度比綠茶標準高，但採用發酵程度偏低的製造工序，相對保留大部分沒有轉化的兒茶素，加上沖泡時大量投葉及滾水沖泡，在大量飲用的情況之下，很容易造成胃腸的不適。

半發酵茶類中的白毫烏龍（東方美人茶），雖以較嫩的茶菁原料製造，但其特殊的重萎凋、重發酵製程，大大減低了茶葉的苦澀；全發酵的紅茶雖也以嫩芽葉為原料，但經萎凋、揉捻、發酵及乾燥後，大量的兒茶素類物質氧化聚合為茶黃素及茶紅素，使苦澀味降低，構成紅茶茶湯濃郁、鮮爽甘醇的特色。如紅茶帶有青草味，表示發酵不完整，仍會有較強的苦澀味，是製作不良的表象。

半發酵茶的採摘成熟度要求

一心二葉的迷思

不同茶類要求的茶菁成熟度不同，不發酵的綠茶需要的是「小心小葉」，全發酵的紅茶是以「大心小葉」為標準。半發酵茶類中的包種茶、烏龍茶等無論是採摘「一心三葉」或「一心四葉」；凡是最成熟的一葉尚未過度纖維化，均是製作半發酵茶的適當成熟度。

綠茶、紅茶、半發酵茶（烏龍、包種、白毫烏龍等），因為製成茶類的不同，茶葉的製造方式不一，茶菁原料的要求也就各異。但現在市場上，卻呈現任何茶類均標榜一心二葉的名號，讓一般消費大眾認為，採摘的茶菁就該一心二葉，其實，這是一種極大的誤解。

綠茶要求的一心二葉是以「小心小葉」為上品，綠茶芽頭愈小，商品價值愈高；甚至要求到只採摘初萌發的芽頭，且只見芽心不見葉。北宋・蘇軾《詠茶》裡有句：「武夷溪邊粟粒芽」。這裡所指的「粟」，即是小米。形容要採摘如小米般大小的芽頭做茶菁原料；這或許是文人騷客誇飾的筆法，然其要求的原料細嫩度是現今台灣茶難以望其項背的。目前中國多數產綠茶的茶區，都是採摘初萌的幼嫩芽尖，如杭州龍井、太湖碧螺春。台灣的三峽碧螺春，則是選取初萌的一心二葉。

高級紅茶也要求一心二葉，因為用於製作紅茶的大葉種芽頭較大，即以「大心小葉」為標準。相對於小葉種茶樹，大葉種的一心二葉外觀看來較為粗大，但摘採上仍是以幼嫩芽葉作為原料，如此才能製作出條索烏黑緊結，油亮並帶毫毛的高級紅茶成品。

半發酵茶類中的包種茶、烏龍茶、鐵觀音的採茶標準，則從形成駐芽的「小開面」採摘「一心三葉」或「一心四葉」，或形成駐芽的「中開面」採摘「一心三葉」，至若到形成駐芽的「大開面」採摘「一心二葉」；凡是符合這些條件，且最成熟的一葉尚未過度纖維化，均是製作半發酵茶的適當成

❶同一棵茶樹上不同著生位置上的茶芽生長速度不一，實務操作上無法要求每一片茶芽的成熟度相同，因此當一定比例的新梢形成駐芽時便可以採摘。❷白毫烏龍以極為細嫩的著蝝一芽二葉為最高級的原料，肥壯的嫩芽所製成的茶乾白毫顯露，是青茶類中的特例。

熟度。這裡所謂的「一心」，說的是生長序停止後，形成的細小「駐芽」。此時，駐芽不會再展新葉，而葉面積會增大、葉肉增厚，醣類、香氣物質大量的合成累積，這樣的原料最適合製造半發酵茶類。

■ 成熟的茶菁才做得出高級品

小開面，是指新梢頂端第一葉的面積約為第二葉的二分之一；中開面，則是新梢頂端第一葉面積大小是第二葉的三分之二左右；大開面，為新梢頂端第一葉的面積約等於第二葉的面積。

在正規的半發酵茶製造工序中，採摘開面的茶菁是最基本的要求。在中國茶葉泰斗張天福所著的《福建烏龍茶》一書中提到：「凡是駐芽二三葉新梢，不論是小開面、中開面或大開面統稱為合格茶菁」。細嫩的芽葉，心芽肥壯，葉面面積小且葉肉較薄，這樣的一心二葉或一心三葉，是製造綠茶或紅茶合格的原料，卻是製造半發酵茶的「不合格茶菁」。

那麼最適製半發酵茶的茶菁應該在什麼時機採摘呢？由於茶芽的發育有著不一致性，若等到茶園中所有新梢均形成駐芽才開始採摘，會因為採摘工作通常需耗費數日的情形，到後期茶菁會過於粗老。有鑑於此，在實務管理上會提早採摘。原則上若有80％的茶菁為合格茶菁，且其中有80％為小開面至中開面茶菁，這樣製造高級品的機率就會大增。這種情況下的適當嫩採，有助於舒緩因為人力不足及氣候不穩定所面臨的壓力。

不過，在整個台灣茶產業的產製觀念皆已扭曲走樣的時空下，半發酵茶最適製的「開面採」不被茶販仔接受，反被認定是已經粗老的茶菁，還要求茶農採摘烏龍產製操典中認定的不合格茶菁，想來真令人心寒。

　　對一心二葉的錯誤認知，戕害茶樹的生長與消費者的胃。對茶農而言，在過度嫩採的操作下，單位面積的產量會急遽地下降。根據文獻，小開面採摘會比中開面採摘減少約20％的產量，且若採摘過嫩不合格的茶菁，對茶農而言損失更是龐大。在過度嫩採的情形下，茶農為了獲利而大量使用肥料，甚至是施以不該使用的荷爾蒙（植物生長調節劑），欲提高單位面積產量。這種重量不重質的栽培方式，最終受害的除了消費者，還有茶農自己。

　　茶樹的樹勢若強健，在一輪生長序中，直到形成駐芽，大約可長出六葉至七葉，甚至更多的葉數，此時不論是採摘小開面的一心四葉或一心三葉、中開面的一心三葉，還是大開面的一心二葉，枝條上至少還可留下兩葉成熟葉；這兩葉成熟葉，在外行人的眼裡或許無關緊要，卻對茶農茶園的長遠經營有莫大的貢獻。過度嫩採的茶樹，尚未形成駐芽，該輪生長序僅有三或四葉形成時就進行採摘，僅留下魚葉，使茶樹因為留存葉量（營養器官）的不足，造成後續生產力弱及樹齡驟減的結果，長久下來對茶樹和茶農的傷害相當巨大。這樣的怪象，不專業的茶商要負起很大的責任。

▉ 嫩採＝茶湯苦澀、香氣不足

　　稚嫩的鮮葉原料，雖然可溶性果膠質與胺基酸較成熟葉高，但是整體的醣類含量較少，苦澀的多酚類含量高。這樣的原料，因為葉子成熟度低，葉片的角質層薄、氣孔少、含水量高，曬菁時不能承受強日照，否則容易紅變，這與皮膚稚嫩的孩童，若在太陽底下久站會很快曬傷的道理一樣。因此，嫩採茶菁多半都有萎凋不足、消水不夠的情況；且在做菁時因擔心浪菁過重造成紅變，不能承受較大的機械力道，結果多半有浪菁不足的現象，接連導致後續發酵不足。

　　對消費者而言，嫩採且發酵不足的茶，可溶性醣類含量不足，苦澀度偏高是最嚴重的問題。雖然嫩芽葉中含有的可溶性果膠質與胺基酸能夠平衡

❶過於粗老已轉為紅梗的駐芽，即使是一心二葉也已經過了適摘期，葉肉過度纖維化，枝梗也轉為木質化，已非製作半發酵茶的適當原料。❷過嫩的芽葉，在半發酵茶的製作過程中禁不起適當的日光萎凋及攪拌，容易提前「紅變」，或是「死菜」，是製作工藝中的大忌。

茶湯的苦澀，但是這些甘甜的物質，在沖泡初期迅速釋放，平衡苦澀味的效應，隨著沖泡次數的增加迅速消失。此時含量最多的未氧化多酚類物質構成茶湯滋味的主體，僅存苦澀。

不肖商家沖泡這樣的茶，通常會使用大量的茶葉與短時間浸泡的手法，一來可以利用甘甜的醣類、胺基酸、果膠質等物質展現茶湯的優點，二來可讓買家有「耐泡」的誤會。但這種茶長期飲用往往會導致腸胃方面的不適。喝茶原本是一種享受，若因為錯誤的觀念，造成身體的不適，可真是花錢買罪受。

開面採的茶葉，能夠承受較重的萎凋與攪拌，雖然可溶性的果膠質與胺基酸較嫩採的茶芽少，但葉內含有大量的醣類與香氣物質前體等內含物質，且苦澀的多酚類物質減少，為茶湯的滋味與香氣奠定了良好的基礎。如此的茶菁原料，只要透過適當的製造工藝，即可做出濃稠度高、香甜且苦澀度低的茶湯，更沒有讓人產生腸胃不適的困擾。

喝完茶，倒出茶渣，您喝的茶，駐芽了沒？

幼卡有底 ──被遺忘的「步留」

茶界有個流傳已久的說法「茶幼恰有底」或「茶無論按怎也是愛幼」，其實這話是有歷史背景的。在四、五十年或更早以前，在台灣，茶是一種極珍貴的貨物，而且當時茶園的管理方式與現在大不相同。

當時的茶園採粗放管理施肥較少，多半任其自然生長。因為土地的肥分少，產量自然不高，茶農在作業上捨不得嫩採。但也因為施肥少，茶樹少有「窗心芽」出現，大部分都是對夾葉，且採摘的工作會等到葉片開面才進行。那時全賴手工，做茶也多憑人力，無論採摘、製造的速度、產量都不高。因此有些茶因採製速度過慢而老化，形成「黑面紅骨」──茶葉顏色由黃綠轉深綠，而嫩梗由綠轉為木質化後的淺咖啡色。由於資源珍貴，即使是這樣的茶，也是有人採來做，以這種材料做出的茶，茶乾顏色黃得有如紙錢，且香氣淡薄、滋味淡澀，湯色近乎水色，因此多藉高溫焙熟，憑著唯一的特色──火味來販賣。

當年所謂「黑面紅骨」的茶，與現今市面上可見的茶相比較，於精製過程揀枝出來的黃片、老葉都還比這種茶還嫩。為針砭這種粗老的茶，才會形成「幼恰有底」的說法，而這個「幼」指的不過是尚柔嫩的成熟對口葉罷了。

但時至今日，絕大多數人卻認為剛成熟且相當柔軟的茶葉，已是過於粗老的茶菁原料，這實在是天大的誤解！要製出風味佳的好茶，需要的正是這樣的茶菁這種原料製出的成品，無論香氣、滋味、湯色表現才都恰恰能表現出半發酵茶的風味。而貪嫩採製的茶，就好比搶收的香蕉，僅四五分成熟度就收割等待後熟，這種香蕉往往不會黃，即使變黃熟，香蕉也不香甜，心也生硬。

「步留」一詞源自日語漢字，其發音為ぶどまり（budomari），意指原料與成品兩者間的比例，用現在的說法，就是良品率。台灣的糖廠過去會使用此一詞彙，為反映原料甘蔗製成粗製糖的比例。在茶業中，台灣的資深茶農大多知道這個詞彙，而新一代的茶農則聞所未聞。

二、三十年前製茶的步留是四斤茶菁做成一斤毛茶，若原料少於四斤可製成一斤表示「有步留」；若原料多於四斤則是「無步留」。而影響步留的因素在於茶菁

成熟度，以及採收前的天氣狀況。以春茶而言，若採收前久未降雨，會比較有步留；相反的，若是久雨乍晴隨即採茶，因茶菁內含水分較多，就變得較無步留。

在當時，茶農對步留的要求很嚴格，尤其是買茶菁加工的業者，因為這牽涉到成本與利潤。當時半發酵茶採摘的是成熟度達到70%的對口葉，春茶三斤十二兩茶菁可以製成一斤毛茶，香氣、滋味都達水準以上，真正是「有步留」。之所以可以如此，必定採摘時有連續多日的放晴，或茶菁在午時採收，還有茶菁本身的成熟度配合。

但目前市面上的茶，幾乎是採收偏嫩的茶菁製作，尤其是高山地區，幾乎都無步留，大部分需要五斤或五斤半茶菁才做得出一斤毛茶，甚至還有需要到六斤、七斤的。這種原料偏嫩的茶乾，外觀烏黑油亮緊結如豆，香氣不清揚，滋味淡薄，且濃濁的青草味瀰漫，又苦又澀。有步留的茶，採摘較成熟的茶菁，茶乾呈現的是「黃鱔色」，泡出來的茶湯有成熟的花香果香、回韻無窮。而光陰荏苒，現在若製成的茶乾成黃鱔色，一般茶商會認定它為粗老茶菁製成的粗老茶；反而過度嫩採、沒步留、墨黑緊結的，反被視為好茶，真讓人有物換星移之慨。

之所以會造成這種局面，與茶販仔的專業度低落脫不了關係。缺乏專業素養的茶販仔，一昧無知與強硬地要求茶農非得嫩採，製出的茶外觀才會好看；一面壓迫茶農，一面欺騙消費者那樣的茶才是好茶。事實上，頻頻採摘成熟度低的茶葉，對茶樹影響非常大。茶葉是茶樹的營養器官，我們摘取茶樹嫩梢製茶，與茶樹生長茁壯的需求恰好衝突，不啻為一種戕害。在影響茶樹生長與獲取茶菁製茶之間，就需要合理的採摘以取得茶樹的生理平衡，讓茶樹有繼續繁茂的機會。

無論茶齡幾年，無論是否聽過「步留」一詞，對茶農而言，為了茶樹強健與延長樹齡，減少更新茶樹的成本，「步留」是值得仔細思考的角度。而對決定茶業市場風向的消費者，不是更應該對茶葉有更多深入的理解與認識，購買時選擇「有步留」的好茶，既能品嚐到真正半發酵茶豐富風味，更能對環境保護盡一分心力，何樂而不為呢？

適性而製才能引出好滋味

好茶的製程應該如何？

製造工藝是決定烏龍茶香氣與品質最重要的關鍵，這些各個獨立的程序環環相扣、互相影響，製作不佳的茶葉，茶湯容易苦澀、顏色混濁，葉底也常舒展不開。

半發酵茶類中包種茶的製造工序，從「採摘」開始，集菁後運送至工廠，依序進行「日光萎凋」、「室內靜置萎凋與攪拌」、「大浪」、「堆菁發酵」、「殺菁」、「揉捻（或團揉）」，最後進行「乾燥」。其中室內靜置萎凋與攪拌、大浪及堆菁發酵工序，是半發酵茶特有的製程，在中國統稱為「做菁」。採摘成熟度決定了日光萎凋的操作方式，而日光萎凋的程度影響後續做菁的成敗，再者，做菁的程度又影響殺菁的操作方式；這些看似獨立的各個階段製程，實際上環環相扣、彼此交互影響，若對製程中每個環節的操作差異產生的品質影響能瞭若指掌，那麼，只差天公做美就能做出好茶了。

■ 採摘與日光萎凋

包種茶類（條型、球型、半球型）的製作以採摘形成駐芽的開面葉為最適當的成熟度，原料選取為小開面的一心三葉或一心四葉，或是大開面的一心二葉，如此的茶菁內含物質豐富度佳、含量高，葉片組織細胞的分化完全，最符合包種茶類特殊的加工工藝要求（參見82頁）。

茶菁採摘方式分為機械與人工操作兩種。以人工操作的採摘方式，約每一個半至兩小時收集一次，秤重後裝入大布袋或大型塑膠籠運送至製茶廠，此過程稱為「集菁」。集菁的間隔時間若太長，採茶工茶籠內的茶菁，由於含水量高，受擠壓後容易造成損傷，出現「悶味」，如此製成的茶自然品質不佳。此外，高溫的天候也會讓茶籠內的茶

菁溫度升高，茶菁的活性會因為過高的溫度而降低，同時產生不良氣味。因此，集菁的時間間隔不宜太長，得視當下的設備及天候調整。

集菁後將茶菁運送至製茶廠的過程俗稱「進菁」。進了茶廠，要先將茶菁均勻地攤在平鋪於地面上的帆布或篾蔴上，俗稱「攤菁」。攤菁的目的是為了進行日光萎凋，日光萎凋又叫做「退菁」或「曬菁」。若茶菁溫度高，則先置於陰涼處「晾菁」，等待茶菁溫度降低後再行日光萎凋。早上露水未乾的茶菁，也必須先以晾菁取代曬菁，等待茶菁的露水乾了以後，再移到室外曬菁。現在的製茶廠大多設置有電動遮蔭網，對於曬菁與晾菁二者的交替操作來說，較以往便利許多。

日光萎凋是藉由太陽的熱輻射及空氣熱對流，促使茶菁內的水分迅速蒸散的物理走水，為後期的做菁提供了良好的先期物理化學條件。另外，日光萎凋的另一個重要目的，就是減輕茶菁所帶有的菁氣、提升各種酶的活性及促進大分子不可溶的物質分解，為後續形成香氣與滋味奠定基礎。

陰雨天不適合採茶，如果勉強冒雨採收加工，是絕對做不出好茶的，製出的茶必定苦澀且帶有菁臭。可是目前高山茶區冒雨採收的情形可說是常態，尤其採摘春茶時更是。茶葉的加工與當天的溫度、濕度、風勢有密不可分的關係。在氣溫低、濕度高、無風的陰天，茶菁水分蒸散速度緩慢，曬菁的時間必須拉長；若又缺乏日照，會導致香氣無法形成，且帶有菁臭味。

倘若製茶天候不佳無法曬菁，會改在室內使用各種熱源加熱空氣，以熱對流為主促進萎凋作用的進行，稱作「熱風萎凋」。在產茶季節，難免會因為天候不佳及採茶人力調控不易，不得不在缺乏日照的陰天製茶，採用熱風萎凋是不得已而為之的作法。根據科學家的研究分析，日光萎凋與熱風萎凋對於香氣組成效果並不相同。且實務中也發現日光萎凋比熱風萎凋能形成更多更好的香氣，又能省去熱風萎凋所需的設備及能源，是最好、最省錢省工的萎凋方式。

日光萎凋的掌控拿捏需要恰到好處，過與不及都不利品質的形成。在達到適度萎凋的前提之下，仍要維持茶菁的活性，以便在後續的工序中，讓茶菁的內含物質能順利進行一系列的生物化學反應，構成滋味與香氣。若曬菁

過度，容易產生「死菁」。「死菁」是在太強烈的日照與高溫下曬菁，造成茶菁組織細胞受損，提早「紅變」。像日照過強烈或氣溫過高的時候，需將茶菁移至陰涼處，或是以遮蔭網阻擋陽光，以晾菁取代曬菁，才不會曬傷茶菁。

　　由於茶樹有蒸散作用的特性，因此上午十一點至下午三點左右所採摘的茶菁，含水量為一天中最低，是茶葉最好的採摘時段。茶農所稱的「午時菜」（午時菁），是上午十一點至下午一點所採摘的茶菁；「二午菜」指的是午時後第二次集菁的茶菁，時間約為下午一點至三點。無論是午時菜或二午菜，含水量都相對較低，容易執行萎凋工序。午時菜集菁後的日照仍較為強烈，日光萎凋必須小心謹慎；二午菜的曬青時段，太陽輻射已較為緩和，在操作上便有別於午時菜，易於掌握。採摘早上露水未乾的茶菁，若直接進行日光萎凋，茶菁容易曬傷，成為死菁。

　　攤菁的厚薄，主要取決於製茶廠的曬菁場空間大小，茶廠空間越大，單位面積上的攤菁量就相對較低，對掌握萎凋工藝來說是較為有利。攤菁薄，每一片茶菁就能均勻接受日輻射與熱對流作用；攤菁厚，上層的茶菁比下層的茶菁擁有較好的熱輻射及熱對流效應，因此容易產生萎凋不均勻的現象，因此需要翻動數回，使萎凋均勻。但即使攤菁薄，還是需要翻動，幫助茶菁嫩梗水分的移動，使水分因外力的作用重新分布於葉面，從葉背氣孔及葉緣角質層蒸散水分；這一連串水分的傳輸，俗稱「走水」。翻動的力道，得視茶菁的成熟度及萎凋的程度（含水量）調整。茶菁愈嫩或含水量越高，力道要愈柔軟。

　　製作好茶，攤菁的厚薄是一個重要的關鍵。若茶場空間過小或進菁數量過多，勢必會將茶菁攤厚，但茶菁攤厚，日光萎凋的時間與翻動的次數就得隨之增加。翻動次數越多，在前期茶菁含水量尚高、葉片還處於硬脆的情況下，容易增加葉脈與嫩梗折損的機會。可是，葉脈與嫩梗是茶葉內主要的水分傳導通路，俗稱「水路」，水路一旦崩壞，葉片組織便無法獲得來自嫩梗中的水分及其他內含物質，那製成的茶品質絕對不佳。而攤菁厚，也勢必將拉長日光萎凋的時間；要是又遇上製茶當天的天候條件不配合、日光不足，

則會導致該批次的茶菁還在曬菁時，下一批次的茶菁已經運送至工廠，那麼前批次的茶菁就不得不移進室內，進行後續的加工製造，因此埋下了不利好茶品質形成的禍因。

幼嫩的茶菁含水量比成熟茶菁高，並且因為組織分化未完全，禁不起日光曝曬，因此需要較微弱的日照及較長的萎凋時間才能達到適度的萎凋。在高山茶區常常因為採摘成熟度不足、進菁量大且製茶工廠空間不足等等主觀條件，加上低溫高濕的客觀氣候條件，所以絕大多數都有茶菁日光萎凋不足的現象。

目前大部分的日光萎凋作業方式，是將茶菁攤在大型的四方形帆布或網布上，翻動時由兩人各執帆布的一角，沿著帆布對邊行走，來回兩次，將茶菁集中在帆布中央，再以雙手重新將茶菁均勻攤在帆布上。但在攤菁初期以這種方式翻動茶菁，其實已經嚴重折損茶菁的嫩梗及葉脈等水分傳輸組織，阻礙茶菁走水。傳統的操作手法，是將茶菁攤於笳藶上，翻動時茶菁所受到的外力較輕柔，相較之下比較不會損傷茶菁，但是需耗費大量的人力以及空間，在大規模生產操作上的確較困難。如何改善日光萎凋的細部操作方式，是值得做進一步思考、研發的事。在部分茶區，有些茶農以竹耙翻動茶菁，茶菁的折損程度較為輕微，是比較好的翻動方式。

日光萎凋的時間，短則十至二十分鐘，長則三至四小時以上，沒有一定的標準。日光萎凋的時間拿捏，需要考量茶菁成熟度，以及後續製茶空間的大小、溫濕度的高低、通風性的好壞等因素。

日光萎凋的程度如果稍微不足，還可以在室內靜置萎凋與攪拌的工序中做加強，因此過去的觀念常認為日光萎凋的程度「寧輕勿重」。但考量現今台灣高山茶區，主客觀因素已與過去不同，日光萎凋應該調整為「寧重勿輕」。原因在高山低溫與高濕度的氣候，與製茶廠通風不良、空間不足造成攤菁太厚的缺點，使得室內靜置萎凋時走水非常緩慢，無法順利地在一定時間內使內含物質轉化。在這種情形下，高山製茶時，唯有在日光萎凋時預先修正室內靜置萎凋可能有的走水緩慢，較有機會製造出好茶。

▨ 室內靜置萎凋與攪拌

在經過適當的日光萎凋後，接續的室內靜置萎凋與攪拌是為了讓茶菁繼續走水，促進嫩梗的水與內含物質繼續傳輸至葉部。原理上類似日光萎凋時的曬菁與翻動作業，只是後者處於一個相較於日光萎凋時較低溫、空氣流動性較低，且無日照的微氣候條件。伴隨著水分蒸散，茶葉內的多元酚類、大分子醣類、蛋白質與類胡蘿蔔素等物質會逐漸緩慢水解；這個緩慢的水解過程，是製茶後期形成濃郁滋味與高揚香氣的關鍵。

室內靜置萎凋的做法，是將茶菁攤於笳蘆或大型萎凋架上，伴隨著相對於室外較緩慢的空氣流動，讓水分持續地由葉背氣孔和葉緣角質層蒸散，葉部才能從充滿水分的緊張狀態逐漸失水至萎軟狀態（即「走水」或「消水」）。因為缺乏如太陽般大量的熱能，而且室內的空氣流通性也比室外低，這樣的條件讓水分蒸散速率緩慢，靜置時的翻動每次需間隔一至三小時不等的時間。時間的長短取決於茶樹品種、採摘成熟度、攤菁厚薄，以及室內靜置萎凋的空間大小、溫度、濕度、空氣流通性高低與該空間所能負載的茶菁量。

不論是日光萎凋或室內萎凋，空氣流通性的高低對茶菁蒸散失水的速度影響很大。當茶菁蒸散水分，水氣會聚集在茶菁周圍，若通風良好，濕度高的空氣迅速被濕度低的空氣置換，茶菁內部與空氣的飽和水蒸氣壓差值增加，對茶菁持續走水製造有利的條件。相反地，若通風不良，那麼茶菁的蒸散失水速率趨緩，就必須延長萎凋的時間。

但所謂的高山製茶師，常常都只是熟練的製茶技術工，在進行室內萎凋作業時不顧茶菁是否正常走水，僅讓萎凋葉處於一個密閉、低溫、高濕的萎凋環境，以標準化的操作模式處理每一天的茶菁，雖然以空調設備營造出恆溫恆濕的條件，但多半無法使茶菁達到適當的萎凋條件，成品的好壞就只能看運氣了。

室內靜置萎凋的過程中，酶的活性掌握成為能否製出好茶的重要關鍵。當萎凋進行時，葉內的許多內含物質會在水解酶的作用下增加。當水分減少到一定程度時，細胞缺水，酶的活性開始下降，若不予理會，那麼酶會趨

於解離，造成失水過度而喪失活性，形成死菁，便無法藉由水解作用產生更多的內含物質來形成香氣與滋味。此時若輕微地攪拌茶菁（茶農稱此動作為「浪菁」），使嫩梗中的水分傳輸至葉部細胞組織中，茶菁便可由萎軟狀態又恢復到充水的緊張狀態，俗稱「回陽」，維持酶與細胞組織的活性，便能替下一次的走水與內含物質增加進行鋪路。就在這「死去活來」之間，為後續的工序奠定良好的基礎。

若日光萎凋的程度稍微不足，就得加長室內靜置萎凋的時間與攪拌的次數，促進水分的蒸散及內含物質的累積。水分的蒸散在室內相當緩慢，若是攤菁薄，尚且容易補足輕微的日光萎凋不足；若是日光萎凋程度十分不足的茶菁，除了增加萎凋與攪拌工序的時間，更對製茶人的體力消耗產生相當大的負擔，但即使如此，仍有揮之不去的菁氣留存。高山茶區由於氣溫低且濕度高，製茶空間小，若不是天氣條件配合，室內靜置萎凋的走水通常過於緩慢，因此日光萎凋程度就必須掌握地更重些，讓整體的製程不至於耗費過長的時間。

室內靜置萎凋與攪拌的次數，與茶菁走水的程度及香氣的表現相關，一般約三至五回。前期攪拌時，茶菁含水量還很高，力道的掌握宜輕不宜重，否則容易產生如同日光萎凋時折損嫩梗和葉脈的死菁，俗稱「積水」，降低成品品質。後期攪拌時，茶菁含水量雖然降低，力道程度較初期稍重，以讓茶菁「回陽」，但過或不及都不好。最後一次靜置萎凋結束時，茶菁含水量應已大幅減少，若用手握住茶菁，應當是柔軟無刺手感，且香氣也由初期強烈的青草氣息，轉為較弱的青草氣與微弱的甜香。

茶菁的走水，在完成最後一次靜置後，就要邁入重要的「大浪」階段。

▢ 大浪與堆菁

日光萎凋、室內靜置萎凋與攪拌這兩道工序，除了蒸散部分的茶菁水分，還牽動著內含物質的生物化學變化，在這個過程中酶也參與一系列的反應，因此廣義來說，發酵作用自日光萎凋開始，就已經啟動。

走水適當的茶菁，內含物質大量會轉變，具有苦澀味的多酚類物質、大

分子的蛋白質、多醣、類胡蘿蔔素等物質在酶促與非酶促的作用下降解，為形成茶湯滋味與香氣奠定良好的基礎。大浪是茶菁的最後一次攪拌，力道最重，浪菁時間也最久。有別於前幾次的攪拌是以手工操作，大浪需要「浪菁機」代替雙手來執行。

　　大浪的前期，嫩梗的水分因為外力的作用傳輸至葉部，茶菁又再次回陽呈現緊張狀態。大浪中後期，呈緊張狀態的茶菁在浪菁機中相互摩擦，葉緣部位會受損比較嚴重。負責水分傳輸的葉脈因為重度的浪菁受損，葉內水分透過葉背氣孔蒸散水分的能力大為降低，達成大浪的重要目的——「保水」，使細胞組織不至於因接下來長時間的堆菁發酵工序，大量失水而喪失活性，中斷內含物質的轉化。

　　除了保水，大浪的另一個重要目的在於促進組織細胞中的酶與內含物質充分接觸。在充分走水的前提下，葉內的細胞趨於解離。海綿組織細胞因為大浪而嚴重破壞細胞中的液泡膜，使液泡內的多元酚類、胺基酸、醣等物質與細胞質中的酶接觸，為堆菁發酵工序奠定基礎。

　　適度大浪之後的茶菁，富有活性，宛如剛從茶樹上摘下來般挺立。香氣濃厚，有類似未成熟香蕉的香氣。手握有滑粉、沈重感。葉緣鋸齒因破壞最重，逐漸轉為紅色且乾枯，形成「紅齒」，於葉尖部特別明顯。成熟的對口葉會形成「綠葉紅鑲邊」的現象。葉片外觀呈光滑霧面，顏色由新鮮葉的濃綠色，萎凋葉的淡綠色，到大浪後轉變為黃綠色，部份品種甚至可以轉為黃色。將葉片置於強光下，透光性佳，葉脈及葉蒂會轉為鮮豔的朱紅色。

　　大浪的過與不及，都無法成就好茶，茶菁前期走水的程度，決定了大浪的方式，也幾乎決定了茶葉品質的好壞。走水順暢的茶菁，才有可能透過適度的大浪與堆菁發酵，形成濃郁甘甜的滋味與多元的花果香氣。

　　若走水不足，大浪以後，仍保存在嫩梗的水分會大量傳輸至葉肉組織，茶菁葉部及嫩梗會因為大量充水而發亮，細胞含水量過高，且走水不足會缺乏提供發酵作用的反應原料，酶無法在最佳的環境下促進發酵作用進行，製作出的茶湯滋味苦澀淡薄，香氣低濁，湯色呈現紅褐色。面對走水不足的茶菁，許多茶農退而求其次地降低大浪程度，以避免葉內組織過度破壞形成積

水紅，使成茶苦澀。但也因為如此，細胞的破壞程度不足，內含物質與酶無法充分接觸進行反應，製作出的茶湯滋味青澀，香氣無法轉換、富含菁氣，湯色青綠。

若走水過度，但還不到死菁程度，那麼大浪程度就必須加重。茶菁的輸水組織要破壞地更徹底，並且堆菁發酵時必須維持較高的空氣濕度，減少水分蒸散，發酵作用才得以順利進行。若大浪的程度達不到相應的走水程度，酶便無法充分與反應物接觸，亦無法在堆菁發酵時引起適當的轉化。

大浪後的茶菁，厚堆於笳藶裡，營造一個較溫暖的環境，幫助茶菁繼續發酵，稱為「堆菁」。此時茶菁的酸鹼值、溫度及內含物質的濃度處於最佳狀態，在各種酶類的幫助下，和緩促進滋味與香氣的生成，就是所謂的堆菁發酵。堆菁發酵的時間從四至十二小時不等，與前期的工序掌握和當下的溫度相關。若溫度低，則堆菁可以厚些，以利酶在合適的溫度下發揮活性。若溫度高，則堆菁必須較薄，避免酶的活性先盛後衰，無法走完最後一步路。

堆菁發酵的溫度與時間不足，是目前高山茶區的通病。堆菁發酵的溫度低，發酵時間就必須延長；溫度高，發酵作用相對較快，時間可以略短。許多製茶工習慣將發酵時的氣溫控制在20℃以下，以避免發酵過度，但卻難以活化葉內的酶，導致滋味與香氣的轉化相當緩慢，又為了配合第二天一早團揉工序的進行，縮短堆菁發酵時間，急就章地殺菁，無法形成滑口的滋味與持久的香氣，結果做出青澀淡薄的茶湯。

在有良好的走水、浪菁的前提，並且在適當溫度的堆菁配合，茶菁的香氣會由原本類似未成熟香蕉的菁香，隨著堆菁發酵的進行，漸漸依序轉為清香、花香、果香、蜜香等等多元且帶有甜醇的香氣，耗費時間從四至十二小時不等。滋味的表現，與香氣有很大的關聯，若發酵時間越長，滋味也就越滑口甘甜（參見64頁）。

當茶葉的菁味退去，香氣轉甜時，原則上就已經可以進行殺菁工序，中止酶的作用以穩定品質。但是若可以讓發酵作用持續進行，則茶湯滋味的表現就愈令人激賞。

1 日光萎凋時需適當地翻動茶菁，促進茶菁的水分重新分布，且讓茶菁的萎凋程度均勻。

2 妥善地利用遮陰網進行日光萎凋，不僅可避免茶菁曬傷，且有利於茶菁的水分蒸散。

5 萎凋葉水分減少時，以雙手攪拌，促使枝梗中的水分再次分布至葉肉。「靜置—攪拌」的交替回數與間隔時間，要根據茶菁的變化來調整。

6 最後一次的攪拌，茶農稱「大浪」，一般以竹製浪菁機取代人力。藉由控制浪菁機的轉速與運轉時間來決定浪菁的程度。

9 發酵完成後的葉面呈現「三紅七綠」的特徵，此時便可進行殺菁以固定香味。

10 以高溫炒菁主要目的在於中止發酵作用，使葉內的酶失去活性並散發葉內大部分的水分。殺菁完成後，烏龍茶的香與味就大抵定型。

13 揉捻後的茶葉，先行初步乾燥，以減少一部分殘留水分。

14 球型包種茶（凍頂烏龍茶、高山烏龍茶、鐵觀音等），則需再行團揉工序，「包布球—平揉—解塊」重複數十回。

3	日光萎凋適當的茶菁，葉面光澤消失，呈絲綢般觸感，枝梗萎軟。	4	室內靜置萎凋的步驟，目的在使茶菁緩慢繼續蒸散水分，讓葉子裡的內含物質持續地轉化。

7	大浪後的茶菁，葉緣呈現朱紅色，「綠葉紅鑲邊」，是大浪適當的表現。	8	靜置發酵中的茶菁，必須以帆布圍繞筍蘆推車，在低溫環境下發幫助發酵葉聚溫，發酵作用才得以順利進行。發酵完成後，可以在筍蘆下方或推車上看見水氣凝結，此時就近細聞發酵葉，會散發出成熟的香甜花果香、蜜香與酸香。

11	揉捻的目的除了成就外型，同時破壞葉肉組織，以利後續沖泡時可溶物質的釋放。	12	揉捻後茶葉呈現條索狀。若是製作條型包種茶，只要再行乾燥，將水分降低至5%以下，則毛茶完成。

15	團揉完成後，茶乾呈現球型，乾燥至一定含水量後毛茶即完成。

□殺菁

堆菁發酵完成後，進入殺菁工序。殺菁是利用高溫終止酶的活性，使發酵（酶促氧化）作用不再進行、促進茶菁中的水分大量蒸發，並藉由熱的物理化學作用讓香氣與滋味更進一步醇化的重要步驟。若殺菁不足或殺菁過度，都將會讓先前的辛勞毀於此刻。反過來說，若萎凋、浪菁的程度不足，就算有好的茶菁原料與殺菁技術，也無法成就高級品。

目前的殺菁方式有別於傳統鍋炒的方式，是以滾筒型炒菁機進行殺菁作業。炒製包種茶類的鍋底溫度約在160℃左右，炒菁的時間約在五分鐘至十分鐘，甚至十分鐘以上，由實際操作的狀況而定。滾筒型殺菁機的轉速快慢可以控制，藉由調整溫度的高低、轉速的快慢及炒菁時間的長短來控制殺菁的程度。

在茶菁發酵過程中，在某個溫度範圍內，酶的活性會隨著溫度上升而提高，加速酶促氧化反應。若溫度持續提高，酶的活性會逐漸下降，而溫度到達某一臨界值後，酶就會徹底失去活性，稱為「鈍化」。若炒菁初期的升溫時間太長，酶處於最佳活性溫度的時間太久，會使氧化作用旺盛，茶湯與葉底色澤會加深轉紅，產生「悶紅」，導致清香味不足。因此炒菁前期，應設法使葉溫迅速上升，使溫度達到有效鈍化酶活性溫度的範圍。根據中國的研究，多酚氧化酶的鈍化溫度約在85℃，而其他酶的鈍化溫度目前還不清楚。炒菁中期，此時葉內水分作為熱的導體且溫度接近沸點，促使葉溫達到各種酶的鈍化溫度，葉內的酶開始失去活性，酶促氧化作用逐步停止，同時水分也因高溫而開始大量地蒸發，會看到水蒸氣自炒菁機中大量冒出。炒菁後期，水蒸氣會大量減少，但因葉與梗的失水速度不一致，葉內的酶可能尚未完全鈍化，需炒至茶菁握在手中覺得乾爽且略為刺手，徹底破壞酶的活性，殺菁才算完成。

目前坪林包種茶區和高山茶區產製的茶，大部分都有炒菁不足的通病。因為一般人都有少投葉以利殺菁品質的錯誤觀念，一次只炒十二至十五台斤的茶菁，甚至更少，使殺菁機內的空氣流通量過大。加上炒菁機轉速過快，

葉肉與梗無法與炒菁機產生有效的接觸而迅速提高溫度，結果就是嫩葉在相對低溫的條件下，水分迅速地由角質層蒸散。若成熟葉與梗的水分因炒菁量過少無法迅速提高到有效的溫度來蒸散水分，便會有炒菁不均勻的現象發生，產生兩種常見結果。一種是成熟葉與梗的殺菁不足，造成茶湯帶有苦澀味，青草氣猶存，且殘餘的過多水分會重新活化酶，使得品質不穩定；另一種是成熟葉與梗的殺菁足夠，但嫩葉已經殺菁過度，在團揉過程中產生過多的碎末，造成茶農的損失。

　　嫩葉的含水量高，角質失水快，一般採取相對低溫、長時間的方式殺菁，除了可以達到有效的殺菁程度，也不致於因為過高的溫度將嫩葉炒焦、燙傷而表現出不良的香氣。成熟度高與含水量低的茶菁，則應採取較高溫、短時間的方式殺菁，避免長時間殺菁所造成的失水過度，若失水過度茶湯滋味會過於淡薄，也不利於揉捻。

　　滾筒型炒菁機轉速的快慢，需搭配投葉量的多寡而定，掌握的原則是初期轉速慢（悶炒），迅速且均勻地提高葉溫；中期轉速快（揚炒），以促進空氣對流排出水蒸氣與青草氣；後期再度轉為慢速（悶炒），並稍微降溫，以保留殘餘水分，並利用殘餘水分的熱效應徹底終止酶的活性。

　　殺菁需要以梗及葉中的水為媒介，得排除一定水分，卻又得保留一部分水分，是一道具有互斥性質的工序。需根據茶菁條件的不同，靈活控制溫度、轉速及時間，才能掌握適當的殺菁程度。殺菁作業是充滿技術性的工序，就好比五星級飯店裡的大廚一般，對於材料的認識與火候的掌控要深刻且熟練，才有辦法炒出一道色香味俱全的好菜。

揉捻及團揉

　　不論在台灣或是中國，許多說法都認為揉捻的目的是要破壞茶葉的芽葉部分組織細胞，以使葉片內汁液滲出，附著在芽葉表面，利於在沖泡時溶出，這是相當錯繆的理解。事實上，如果炒菁後的茶葉置入揉捻機開始揉捻時，若看得見汁液滲出，就代表炒菁不夠，茶葉組織的水分尚未減低至應有

的程度。揉捻的目的，一方面是使茶菁捲曲成條狀，另一方面則是為了破壞葉肉組織細胞，有助於可溶物質的釋出，而非為了可溶物質滲出附著於葉表面。

殺菁後的茶菁，置於望月型揉捻機中揉捻，經過揉捻的茶，稱作「茶腴」。揉捻後成條型的茶，送進乾燥機中，利用高溫讓殘餘的水分繼續減少，若是直接將含水量降低至5％左右，那麼條型包種茶的「毛茶」就算是完成了。

半球型包種茶與球型包種茶則因為還要經過團揉工序，由此在揉捻後的初次乾燥階段尚須保留一部分的水分，以免在過度乾燥的情況下團揉，造成茶葉碎裂，增加損耗，也不易包揉成型。

團揉是以布巾包覆未完全乾燥的茶腴，利用各式的機器，將外型變為半球型或球型。團揉一方面要借助殘留的水分將茶腴整型，一方面又必須在整型的進程中降低茶腴含水量，需要反覆的包揉與解塊，是極為吃重的苦差事，得耗費大量的人力與時間。

團揉程度越重，組織細胞的破壞程度就越高，有利於沖泡時可溶物質的釋出，因此茶湯滋味較重。但過度團揉，成為緊結球型的茶，在後續的乾燥過程中，茶球內部的水分，難以完全藉由熱作用散失，這樣的毛茶很快就會變質。若是團揉程度較輕，甚至是不經團揉的條型包種茶，相對滋味會較輕，可保留較多的低沸點香氣，沖泡時香氣撲鼻。

■ 乾燥

條型包種茶的茶腴，在經望月型揉捻機揉捻後，是直接乾燥至一定含水量以下。半球型與球型包種茶，經過漫長的整型後，也同樣需要乾燥至一定含水量以下，以穩定品質。條型包種茶需要乾燥至枝梗可以輕易折斷，半球型與球型包種茶則需乾燥至可以兩指用力搓揉成粉末，這樣才算乾燥適度。乾燥好的茶，稱為「毛茶」。

茶葉品質的好壞，從日光萎凋開始，至殺菁結束的過程，就已經決定。中國武夷山、廣東和文山茶區，習慣將外型製成條型；中國閩南、木柵、南

投凍頂、名間及新興高山茶區，則習慣將外型製成半球型或球型。當茶葉從日光萎凋開始至殺菁，若每一個環節都掌握得當，那不論製成什麼形狀，都是好茶。

茶葉的「粗製」階段，至此已全部完成。但毛茶仍有相當的含水量，若直接包裝販賣，對消費者來說相當不利，因為花的錢不僅是一部分買到「水」，也因為含水量高，容易變質、不耐儲藏。所以，作為商品的茶葉，還要再透過一系列的精製作業，才能真正上架販售。

生茶、青茶、熟茶

什麼是生茶？什麼是青茶？生茶和青茶意義完全不同，但在閩南話中因為發音相同，很容易使人混淆，將兩者畫上等號。此外，有生茶自然也有所謂的熟茶。熟茶這個名詞在市場上的使用，也有著定義混淆、訛傳誤用的問題。究竟，青茶、生茶、熟茶真正的涵義是什麼？該如何分辨才正確？

青茶是傳統六大茶類中的一類，學術上稱為半發酵茶或部份發酵茶，指茶葉在「開面採」的採摘標準下，透過特定的工序加工所生產的茶葉。青茶在中國也稱為烏龍茶。而生茶指的是剛加工好，尚未經過高溫焙火工序的毛茶。生茶經由高溫焙火，會展現出不同的香氣與口感，且因為焙火溫度與時間的不同，生茶可能轉為半生熟或熟茶。

若將毛茶比喻為麵包店剛製作好的土司麵包，那麼若是直接切片後食用，就好比品飲生茶，是在品嘗它的原味。要是進一步把土司麵包放入烤箱，用不同的火候及溫度烘烤，再去品嘗，麵包就開始擁有不同的香氣與口感。依照選擇，可烤出表面稍乾、色澤變化不大的原味；加重火候，烤得表面略帶金黃、香氣因而提昇、口感略感酥脆；若再提高溫度與延長時間，土司的表皮可能焦黑、香氣更濃郁、口感爽脆，與未烘烤前是截然不同的風味。經過烘焙後的茶，我們就稱它為熟茶，會因為溫度與時間的不同，熟化的程度也不一樣，所以分別有所謂一分火、兩分火、半生熟的說法。

青茶的精製加工涉及烘焙，由此有了生、熟之分。那麼，全球市場占比最高的紅

茶與綠茶，是否也有生熟之分呢？紅茶是全發酵茶，在粗製與精製階段不含烘焙工序，所以可將紅茶歸類為生茶。綠茶為不發酵茶，除了少部份的綠茶像是屏東港口茶，或是某些日本煎茶會透過加工製作成熟茶外，大部分的綠茶講求新鮮原味，多屬於生茶。由上述所提的半發酵茶、全發酵茶、不發酵茶的製作工序，與想要製作的的細部風味特色來區分，對於孰為生茶？孰為熟茶？應該是很清晰明瞭了。倘若光用區區的湯色來劃分生茶與熟茶，恐怕無法完整地說明生與熟的概念，或作為判定的基礎。

當然，最後不能遺漏了黑茶。黑茶在名詞上也有生熟之分，常見於市面的有普洱生餅與普洱熟餅，但這兩類茶實質都被歸類為生茶，是因為這兩種茶類加工都缺乏焙火的工序。其實，普洱熟餅之所以會被稱為熟茶，是因為透過渥堆工序或生餅長期存放，後發酵作用促使普洱生茶熟化，產生品質上的改變。所以說，黑茶的生熟與焙火無關，與其稱為「熟化」，更應當稱為「陳化」，才能與經焙火的熟茶清楚區分，不易產生誤會。

在六大茶類中，青茶類（即包種、烏龍、鐵觀音）是唯一講究烘焙（或稱焙火）工藝的茶類。透過不同的烘焙方式，才可以造就青茶類獨特且多元的香氣。

毛茶在產區製作完成時，茶乾含水量尚高，品質也不穩定。茶行在收購茶農的毛茶以後，會視毛茶的狀態進行不同程度的烘焙，主要目的是降低含水量、去除雜味，並且依顧客的喜好風味進行不同程度的焙火。老一輩茶人用閩南話「縮茶」來描述茶葉焙火，意思就是指焙火的目的是在濃縮茶葉的香氣與滋味。茶葉的製作，需要到這個步驟，才算是精製完成。

發酵足夠焙火才更能增添風味

茶葉含水量降低，有利長期儲存，品質比較不易劣化。台灣茶行對於烘焙的定義各有說詞，沒有統一的標準。在中國福建茶區，對於烏龍茶的烘焙程度則有明確的定義，依茶乾外型、香味與葉底特徵將火候分為五等（見表1）。

●焙火程度的高低，可直接由茶乾的外觀判斷。焙火愈重，茶乾愈顯暗褐色；焙火愈輕，茶乾愈顯黃綠色或濃綠色。

茶葉的精製過程

烘焙

烘焙主要目的是降低含水量、去除雜味及減低咖啡因含量，濃縮茶葉的香氣與滋味。適合烘焙的茶，發酵程度比需較高，才能增添風味，否則只是用火味掩蓋製作不佳的事實

表 1：烏龍茶的五種焙火程度

火候程度	俗稱	外型特徵	香味
1~2分	微火 （走水、欠火）	條索緊結、色澤稍暗、砂綠仍明顯	氣味清純、仍有毛茶香氣特徵、沖泡一次後葉色轉原毛茶色澤、茶湯蜜黃。
3~4分	輕火	條索更緊結、色澤稍泛暗、仍帶砂綠	帶輕微火香、香氣較熟化、湯色呈金黃或褐色。滋味醇和有刺激感、沖泡二次後芽葉開展。
5~6分	熟火 （半生熟）	色澤泛暗、條索緊結、帶微紅色、沈重感減少	帶火香、原香減少、無青味感、湯色橙黃帶紅。滋味甘醇厚實、帶鮮甜。沖泡三次葉開展、葉底呈暗黃綠色、不能轉毛茶色。
7~8分	足火	色澤泛暗、紅色條索緊、重實感減退、以手碰擊聲暗啞、少部份茶葉暗烏紅色	火香濃、原香很輕、湯色橙紅或暗褐。滋味濃厚帶粗感。沖泡四至五次葉面開展，呈暗綠色。
9~10分	重火 （老火、高火）	色澤暗褐色、泛烏紅、有疏布感、手碰擊啞悶、部分茶葉烏紅色	火香濃強、帶焦味、失原茶葉特徵。湯色暗橙紅或暗褐色。沖泡後芽葉少量開展、呈暗褐色、部份芽葉暗褐團不能開展。

資料來源：福建烏龍茶期刊

　　烏龍茶的焙火程度有以上明確的分級，但不是所有的半發酵茶類都適合焙火。茶葉是否適合焙火與海拔的高低無關，最重要還是取決於茶菁的採摘成熟度與製作的發酵程度。

　　「高山茶重清香適合輕焙火，平地茶品質不佳所以適合重焙火」，是產業界與消費者對於茶葉的嚴重錯誤認知。現今市場上的高山茶不適合用較重火候烘焙，原因在於嫩採及發酵不足，僅適合以低溫複火乾燥。過度嫩採與

發酵不足的茶，本質上接近綠茶，若是焙火加重，會比不焙火的毛茶更加苦澀，且失去原有的新鮮香氣與滋味。低海拔茶葉則因為日照長與氣溫高的氣候特性，茶多酚含量高，適合以高發酵的製作方式，再藉由焙火精製。若是低海拔茶葉的製作方式也仿照高山嫩採且輕發酵的走向，就算焙火技術再高明，焙火程度再重，也無法擁有良好的香氣與滋味。

現在市場上海拔愈高的茶，採摘成熟度往往愈低，發酵度愈不足，茶葉中的可溶性醣類含量低，且苦澀的多酚類物質轉化不足。這樣的茶經焙火後，縱然甜度略有提昇，但提高的苦澀度卻遠高於甜度。另外，輕發酵茶葉所具備的香氣型態，大多屬於低沸點物質，一旦受到高溫烘焙即揮發到空氣中，稚嫩、發酵不足的茶葉又很容易「咬火」，沖泡出的茶湯徒留火焦味，特色盡失。

☐ 機器烘焙與炭焙的差異

「炭焙」與否，則是第二個需要矯正的觀念。有些人認為，茶品質的好壞是取決於焙火，甚至認為只有炭焙才是最適合的烘焙方式，其實不然。嫩

●早期茶葉烘焙以炭火為熱源，炭火的溫度仰賴經驗掌握，在夏天的焙籠間裡工作，是一項極苦的差事。

採與發酵不足的茶，即使用「炭焙」，也無法讓茶葉起死回生。

　　炭焙是早期科技不發達、不得已而為之的烘焙方式。炭火烘焙需要一定的經驗與技術才能掌握得當，否則茶葉在烘焙的過程容易因溫度過高而燒焦。但現今的烘焙機械都附有自動溫度控制器，操作上比傳統炭火烘焙省時省工許多，而且品質穩定。即便如此，炭焙還是有其獨特性。炭焙與一般電器烘焙最大的不同，在於一般電器烘焙原理多是以加熱器提升空氣溫度，藉著熱對流循環使茶葉升溫達到烘焙的目的，而炭焙除了產生熱對流作用外，木炭燃燒時所釋放的熱輻射也會同時作用在茶葉上，有助於葉溫與熱能的穿透，而木炭燃燒時散發的香氣，會附著於茶葉表面上，使烘焙後的茶葉更添風味。只是，炭焙畢竟在現今都會型的生活方式中操作不易，品質不易穩定，考量現今的環境，機器烘焙相對是較有效率且符合經濟效益的。

　　烘焙除了進一步增添茶的香氣與滋味，同時也趕走了茶葉裡的「咖啡因」。咖啡因在高溫作用下會從茶葉中昇華逸散至空氣中，遇到冷空氣又隨即凝固，這就是為何會在茶葉烘焙機械的出風口處常能觀察到咖啡因結晶的原因了。咖啡因具有苦味，在茶湯中與其他可溶物質融合，使茶湯的口感更具活性。透過焙火去除咖啡因的茶湯，相對顯得比較溫和甘甜。

　　挑選茶菁成熟度高、發酵度適當且焙火程度稍高的茶來喝，能避免喝茶後晚上睡不著的情形。成熟度越高的茶菁，咖啡因含量要比稚嫩芽葉低，再透過完整的加工，便能得到溫和、刺激性低的茶湯。買茶時，觀察茶乾的外型，若愈緊結、色澤愈墨綠油亮，多半都是採摘成熟度較低、發酵與焙火工序不完整的茶。像這樣的茶，喝起來不僅影響睡眠，甚至會讓人心悸、腸胃不適，購買時需要多加留意比較。

　　重烘焙的茶葉是消費者口中所謂的「熟茶」，但「熟茶含有的咖啡因比較少，所以不傷胃」的說法並不精確。國外研究指出，咖啡因會導致胃酸的分泌增加，會讓原本就有消化性潰瘍的病患病情加劇；反之，單純攝取咖啡因並不會使健康的個體罹患消化性潰瘍。嫩採又發酵不足的茶，若是焙成熟茶，看似無害，其實是笑裡藏刀，喝了可是會讓人得暗傷啊！

●製程良好的毛茶，經烘焙後咖啡因會從茶乾中釋出，在表層遭遇冷空氣形成固體，在微距鏡頭下可以看到呈現出的針狀結晶。這在使用焙籠焙茶茶乾的表面可以清楚看到，電焙的茶葉則會附著在出風口上方。咖啡因結晶在製茶過程中比較容易觀察得到，成茶後因茶乾翻動，結晶便不再會附在茶乾表面。古早人焙茶時，有個說法是，只要起狗毛，茶就可以翻了，這個狗毛，指的就是咖啡因結晶。沒經過這道精製手續的茶湯較刺激，精製後咖啡因昇華的茶湯則較為醇和。

茶葉要講求外型嗎？

選好茶，重點在看外觀而不是看外型，是否有表示製程完整良好的「砂綠白霜」？是否有表示發酵完整的「三節色」？

茶葉的外型種類眾多，如採摘極為細嫩的碧螺春（綠茶）與金駿眉（紅茶），外型細小如針；龍井形狀扁平而直；文山包種、武夷岩茶與鳳凰單欉則呈條索狀；凍頂烏龍呈半球狀；鐵觀音呈球形；紅茶呈條索狀或碎片狀；黑茶類則多壓製為磚、餅、坨等形狀。

茶葉外型的形成受採摘成熟度與加工過程影響，並會隨著加工工藝的進展而變化。例如傳統的凍頂烏龍茶（半球型包種茶），原本只比文山包種茶（條型包種茶）較為蜷曲緊結，但如今在台灣，或是台灣人在東南亞、中國投資生產的茶葉，隨著製茶機械的演進，外型上均已經轉變為球型。

不同茶種的外型要求並不相同

茶葉品質是不是可以藉由外型來判斷呢？這是許多愛茶人想進一步探究的問題。但在解釋外型與品質的關係之前，首先得瞭解不同茶類的採摘標準及審評標準，才有可能從茶葉外型進一步推敲成品品質的優劣。

比方來說，中國生產的金駿眉與日月潭生產的紅玉，都是歸類為紅茶，但因為品種特性、採摘方式的不同，有截然不同的外觀、香氣與滋味，因此在審評時，不能夠混為一談。

金駿眉以模仿碧螺春的採摘方式，單採新芽；紅玉以採摘帶新芽的一心二葉或一心三葉為原料。製造金駿眉使用的小葉種茶樹，新芽上具有大量的毫毛；紅玉則是由台灣官方選育的大葉種茶樹，茶芽不具毫毛。

金駿眉的成品外觀是金色夾雜深褐色茶芽，有

●製作良好的茶乾，無論是條型或球型，因內含物質豐富，手握都有沉重感。條型茶握起來較扎手，球型則不要太緊結，色彩豐富，黃綠、墨綠、紅色同時並存，才是好茶。表面油光，呈現墨綠，過度緊結的則不是好茶乾，多半萎凋不足且苦澀。

別紅玉呈現黑褐色條索工夫紅茶給人的印象。因為採摘葉位的不同，可以很明顯地知道，這兩種茶在鮮葉內含物質的組成上就已經有很大的差異，因此香氣與滋味的呈現更是大異其趣。所以，如果有某些茶葉專家將這兩種紅茶拿來比較優劣，那就得小心是否落入購買陷阱了。

　　以生產半發酵茶的台灣來看，又要怎麼從外觀上來分辯品質的優劣呢？文山包種茶、凍頂烏龍茶、高山茶、東方美人茶這幾種台灣主要生產的茶類，除了東方美人茶是採摘遭小綠葉蟬吸食後產生生理障礙的嫩芽葉以外，其他茶類都是以採摘對口的一心二葉或一心三葉。

　　成熟度合適的情況下，茶葉葉肉較厚實，較不易揉捻成很緊密的條索狀、半球狀或球狀，外觀不及嫩採的茶葉揉捻後那麼緊結，相對上來說顯得較不美觀。嫩採的茶，茶乾的色澤表現較為墨綠，而成熟度足夠的茶，若製作得宜則表現出黃綠、墨綠摻雜等多種色澤。

　　但是我們都知道，除了東方美人茶，半發酵茶的茶湯滋味與香氣，其實要在適當的成熟度下才有發揮的空間。可是，在茶商與比賽茶評審的錯誤認知與推波助瀾下，為了追求外觀的美，採摘上越來越朝嫩採靠攏，使得茶的香氣滋味每況愈下，連同茶樹也迅速的衰老頹敗，不需幾年的光景，又得重新栽種，或是另闢新茶區，間接造成了國土的濫墾濫伐。

■ 外型差異對茶湯風味的影響

半發酵茶在殺菁過後，緊接著以望月型揉捻機進行揉捻。過去因為對茶葉外型的重視程度不高，殺菁後的茶葉（俗稱「茶糜」）是直接揉捻，會產生較多碎末，揉捻後的外觀也不緊結。但現在台灣多數的烏龍茶加工，在揉捻之前會仿造東方美人茶的操作方式，先以不透氣的容器悶上數分鐘時間，讓殺菁後的茶葉回潤返潮。如此才不會因為茶糜含水量過低，在揉捻機的壓力作用下產生太多碎末，也可以得到較佳的外型。

而條型包種茶的毛茶，在茶菁經由適當地揉捻後進行乾燥，水分減少至一定含量以下時，便完成了。然而現在多數的條型包種茶，為了揉捻出較為緊結的條索，在殺菁時保留了過多的水分，也就是炒菁不夠熟透。因為殺菁不足的茶菁含水量較高，揉捻時借助殘餘水分作用較易成型，有助於條索更為緊結。

用上述的方式操作，雖然有較好的外觀，炒菁不足的茶卻帶有一股菁味，而部分的酶未完全藉由高溫殺菁終止活性，如後續的乾燥工序不夠即時，酶活性增加，會進一步改變品質，失去包種茶的品質特徵。即便做到即時乾燥，用殺菁不足的茶葉製作的茶，沖泡後的茶湯暴露在空氣中，原本蜜綠、蜜黃的湯色，也會很快轉為紅色。

需要團揉工序的半球型包種茶與球型包種茶，比條型包種茶耗費更長的做型時間。團揉到乾燥的後半段流程，往往耗時十二小時以上，在反覆的「包揉」與「解塊」循環中，如果殺菁不足，酶的活性會提高，使茶湯紅變，與未炒熟又未即時乾燥的條型包種茶的結果如出一轍。

未炒熟的茶菁，就算外觀呈現緊結的條索或顆粒，還是無助於香氣與滋味的形成。茶葉的香氣與滋味，早在採摘當天至隔天的日光萎凋、室內萎凋與攪拌、大浪、靜置發酵與炒菁就已經成型。一批缺乏完整工序的茶糜（炒菁葉），是絕對不可能透過揉捻或長時間的團揉就成為高級品的。

而現在高山茶的製作，往往為了配合第二天團揉工序的進行，提早炒菁、壓縮做菁的時間，做出的成品也就流於苦澀與菁味，缺少半發酵茶應該

❶三節色 是加工精良茶乾的特徵，紅、墨綠、黃綠層次分明。❷殺菁不足的茶臊，經揉捻後，枝梗容易斷裂、表皮脫落，不是高級的條型包種茶。

具備的花果香味與甘甜茶湯。

　　文山包種茶以清香著稱，凍頂烏龍與鐵觀音以滋味取勝，風味各自不同的主要原因取決於團揉工序的有無。早期因為團揉以人工操作，團揉工序的要求也不一樣，所以半球型包種茶（烏龍）與球型包種茶（鐵觀音）在外型上有明顯的區別。引入大量的機械輔助加工以後，烏龍與鐵觀音在外型上，已經沒有太大的差異。在團揉的過程中，耗費長時間去反覆進行包揉與解塊，讓香氣物質進而揮發與轉變，及茶葉內部的化學變化持續進行。也造就了條型包種茶以清香、茶湯色澤蜜綠或蜜黃著稱，而半球型與球型包種茶以厚重韻味、湯色金黃或橙黃為主要特色。

■ 代表製程完整良好的「砂綠白霜」

　　由於條型包種茶外型比較鬆散，同等重量所占的體積比半球型與球型包種茶大，在運輸上較為不利，而且容易因為外力的壓迫產生較多的副茶（碎片及細末），對講究茶葉外型的台灣市場來說，較不討喜。

　　雖然品質的鑑定需要仰賴沖泡後的茶湯滋味與香氣作為主要評斷，但愛茶人在選購茶葉時，從茶葉外觀，也可以做初步的判別。

　　不管是外型是條型包種或球型包種，都可以從茶乾表面所呈現的黃綠、墨綠、白、紅等多種色澤開始觀察。隨著做菁工藝的不同，不同茶種顯紅的

●不論是條型或球型，好半發酵茶的外觀都呈現有 砂綠白霜 的特徵。茶乾在陽光下看時會有一層白霧狀，類似青蛙皮。成熟度高的，覆蓋面大。這層白霜是咖啡因從茶葉揮發出來的痕跡。

比例也會有所不同。鐵觀音茶的茶乾顯紅比例要高；高山茶是適度發酵，所以顯紅比例較少；綠茶不發酵，若顯紅就表示製程中有不當的發酵。此外，綠色的葉上面看得出的白點，是咖啡因的結晶，被稱作「砂綠白霜」，是茶葉的成熟度和萎凋都達到一定程度，製程完整、品質良好的表現，不過若再經過較高溫的焙火，咖啡因昇華，也就看不見白霜了。

　　半發酵茶類中最注重外觀的是白毫烏龍茶當茶樹上的嫩芽葉被小綠葉蟬吸食後，顏色會由綠轉黃，透過獨特的製程，葉子會有部分轉紅，嫩梗呈現褐色，再加上嫩芽上的白色毫毛，外觀看起來就是名副其實的「五色茶」。如果受小綠葉蟬的危害輕微，或是不受小綠葉蟬危害，茶芽生長正常，這樣的白毫烏龍茶菁原料俗稱「黑筍」，使用這種原料成品就無法呈現絢麗的五彩色，外觀看來烏黑單一，稱為「黑條」。

　　從茶葉外觀的確可做茶葉品質的初步判定，但任何人試茶，最好還是以沖泡後茶湯的香氣與滋味做最後的審評依據。畢竟，這才是品茶最大的重點，不是嗎？

●茶菁原料受小綠葉蟬叮咬的程度，會忠實表現在白毫烏龍茶的外觀上。吸食程度重的，顏色越豐富，呈現五色斑斕的特徵，茶湯滋味也越香（左圖）；吸食程度輕的，茶乾顏色烏黑單一，稱之為 黑條（右圖）。

● 從蜜綠到琥珀，都是烏龍茶可能的湯色。茶湯的色澤取決於採摘成熟度與加工方式，色澤與滋味雖然有關，但不宜以湯色直接判斷品質。是否澄澈才是觀察的重點，製作良好的茶葉，湯色必然澄透。

從湯色判斷茶的品質

使茶湯變苦澀的「積水紅」

茶菁成熟度夠，發酵程度足的茶湯，湯色多半澄澈透明，從蜜綠到琥珀色都可能，反而過度嫩採、發酵不足的茶湯，容易產生混濁的「積水紅」。

　　茶葉依製造方式的不同，可分為「綠、黃、白、青、紅、黑」六大茶類；所謂的「綠、黃、白、青、紅、黑」，明確地指出各種茶類基本的的茶湯色澤。湯色是判斷茶葉品質的方式之一，不同的茶類對湯色有不一樣的審評標準。半發酵茶類中的青茶，因為粗製與精製手法的不同，湯色差異最大。

　　茶湯顏色的形成，主要來自茶葉中的葉綠素、類胡蘿蔔素、花青素及花黃素（黃酮類），和透過製造加工形成的茶黃素、茶紅素、茶褐素。對半發酵茶來說，蜜綠、蜜黃、金黃、橙黃、琥珀、橙紅都是可能的湯色。影響湯色最重要的物質，可說是茶多元酚類中的兒茶素類氧化產物。茶葉內含的兒茶素類物質有許多種，原本兒茶素類物質溶於水中並無顏色，但不同成熟度的茶菁有不同的兒茶素組成比例，透過加工製造，會形成不同比例的茶黃素

與茶紅素,茶湯的顏色也隨之有所不同。紅茶製作要求採摘嫩芽葉,青茶製作除了白毫烏龍外,要求採摘成熟的對口葉,其中的原因之一,就在於適當的成熟度才能滿足對湯色的要求。

湯色深未必發酵程度就高

兒茶素類的氧化產物種類眾多,氧化產物的顏色差異也很大,茶黃素、茶紅素及茶褐素所帶來的湯色可以明顯由字面解讀。這些氧化產物會隨著發酵作用進行,顏色由黃轉紅、由紅轉褐。不過,對青茶的研究指出,兒茶素類物質尚有其他的氧化產物「聚酯型兒茶素」(Theasinensis,或稱雙黃烷醇Bisflavanol),由兩個兒茶素類分子氧化聚合,在茶湯中仍為無色。

一般而言,紅茶製造的發酵作用劇烈,具有刺激性的多酚類會形成較為鮮爽的茶黃素或甜醇的茶紅素,加深茶湯顏色。而青茶(半發酵茶)的製造發酵作用和緩,發酵過程中兒茶素類物質會形成中間產物「鄰醌」(o-quinones),一部分氧化,一部分還原,因此顏色會較紅茶淺,構成了半發酵茶特有的湯色。所以,雖然同樣都是發酵,但一個劇烈、一個和緩,在葉內產生的化學變化也就不一樣,產生截然不同的湯色。

湯色的深淺,與製作時葉內組織的破壞程度也有關。紅茶是先揉捻再發酵,青茶則是先攪拌再發酵,但紅茶葉內組織破壞的程度比青茶嚴重,所以湯色更紅。另一個類似的例子是白茶,白茶發酵前並不揉捻,且發酵時間

❶碧綠茶湯底下,多半隱藏著稚嫩的菁氣與苦澀的茶湯。好茶的茶湯湯色表現是蜜綠、濃稠,有油光。❷過嫩的採摘與不當的製作過程,湯色暗沉混濁,紅褐泛青,香氣混濁,滋味苦澀,俗稱積水紅。

❶

❷

長，因此發酵程度雖然很高，但茶湯卻呈現淡色。因此，以青茶來說，湯色蜜綠或蜜黃的茶，發酵度未必比金黃或橙紅色茶湯來的低。

半發酵茶製造的實務經驗也告訴我們，成熟度低的茶菁原料，反而容易製作出偏紅的湯色，而成熟度高的茶菁製成的茶，湯色較不容易紅。這也是為什麼半發酵茶的製造對茶菁成熟度要求極為嚴格的原因。

■嫩採是造成「積水紅」的主因

茶湯呈紅色的原因在幾個製作的環節都有可能產生，其中最根本的原因是過度嫩採的茶芽。成熟度低的茶菁，葉肉組織脆弱、水分含量高，很容易因為外力破壞而無法順利「走水」，日光萎凋不容易操作，稍一不慎就會因為強烈的日照而紅變，所以萎凋不足情況很常見。在萎凋不足的情況下攪拌，很容易因為力道過大而產生「積水」，不僅發酵作用不完全，繼而產生紅變，茶湯色澤偏紅、苦澀，稱為「積水紅」。因此多數嫩採的茶菁，為了保持茶湯顏色不紅，所以不攪拌。但不攪拌的狀況下，酶所主導的發酵作用無法啟動，最終就會發酵不足、茶湯青澀，香氣也無法形成。

酶的活性會隨著萎凋進行時水分的減少而逐漸提高，因此萎凋過度的茶菁，由於酶的活性提早達到高峰，發酵作用劇烈卻不持久，形成「死菜」，也會導致茶菁與茶湯轉紅，滋味淡澀，香氣也不佳。

嫩採的茶芽，因為水分含量高，在炒菁的時候容易炒不熟，導致在團

●殺菁不足經過團揉後的茶葉，色澤暗綠，枝梗斷裂脫皮，沖泡後茶葉舒展不開，滋味必定苦澀。

揉過程中，因溫度與壓力雙重作用下，殘餘的酶會繼續進行發酵作用，使茶湯轉紅。有些不明究理的茶老闆因此責怪團揉師父為何將茶做紅了，但原因其實出在其他部分的製程操作不當。炒不熟的茶，因為所含的果膠質未被固定，於是具有黏性的果膠質，在團揉時會緊緊黏結，使茶葉不易解塊，使得毛茶做好後，會看見很多人顆粒的茶球，或是當茶葉在碗中泡開，葉肉無法舒展。殺菁不足或殺菁後未馬上進行乾燥的茶臊，容易見到紅梗或紅蒂，主要都是因為酶的活性沒有在殺菁時完全破壞的緣故。

春冬兩季，因為平均氣溫較低，日照較為和緩，酶的活性不容易提高，湯色較金黃，但也因此常見發酵不足、湯色青翠碧綠的不良品。夏季，因為氣溫高、日照強，萎凋不容易掌握，較容易做出偏紅的湯色。過去烏龍茶講究葉底「綠葉紅鑲邊」或「三紅七綠」，事實上也可作到「五紅五綠」或「七紅三綠」；顯紅越多，發酵程度越高，香氣越內斂，茶湯也愈醇和。茶湯各式不同的滋味、香氣、湯色等的品質表現是各花入各眼，喜好因人而異，端看消費者味蕾的好惡挑選了！

茶湯色澤與發酵程度

苦澀的白毫與清甜的包種

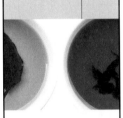

茶湯顏色深，不表示茶葉的發酵較程度高。

選擇好茶一定要開湯試茶，口感細緻、滋味醇和甘甜，才是茶葉發酵足夠的典型特徵。

茶葉的「發酵」研究，是一九六〇年代，英國科學家 E. A. H. Roberts 所開啟的。一九九〇年代又有日本多位學者投入研究，茶葉發酵機制遂逐步開始被釐清。在台灣，官方單位或民間人士，對於茶葉發酵程度的認定並不相同（見表1）。但普遍有一個直接印象，認為茶湯色澤越綠，發酵程度越低，茶湯色澤越黃或越紅，發酵程度越高。

表一、台灣半發酵茶類發酵程度認定

茶類	官方	民間	湯色
文山包種茶	8~12%	15~30%	蜜綠、蜜黃
高山茶	12~15%	25~35%	蜜綠、蜜黃
凍頂烏龍茶	15~30%	30~40%	金黃
鐵觀音茶	15~30%	40~50%	金黃、琥珀
白毫烏龍茶	50~60%	60~70%	琥珀、橙黃、橙紅

可是以顏色來區分發酵程度準確嗎？以文山包種茶為例，因為其茶湯顏色呈現蜜綠或蜜黃，一直以來被認為是發酵度最低的包種茶類，但其實這是個莫大的誤解。過去茶農製作文山包種茶，是以攤青薄、攪拌輕柔的「消水」製法為主；因有別於凍頂茶農攤青厚、攪拌重的「積水」製法，於是，文山包種茶的茶湯色澤較綠。所以說，一部分加工良好、茶湯顏色較綠的包種茶，發酵程度是可能遠高於其他茶類的。不明究理者以綠茶的湯色與發酵度直接套用於包種茶類，其實是非常不科學的方法。

▢ 滋味醇和才是高度發酵茶的特徵

　　許多與茶葉相關的書籍中，都認為白茶發酵度約為10%，然而中國湖南農業大學施兆鵬教授主編的《茶葉加工學》中，卻紀錄白茶的兒茶素類氧化程度（即發酵程度）高達70%以上，與舊有的認知有很大的差異。一般以為白茶屬於微發酵茶，但數據卻告訴我們白茶是一種高度發酵茶。用相同的茶菁原料做比較，理論上發酵度越高，滋味將越醇和，刺激性越低。的確，製作優良的白茶，滋味清淡醇和，雖然湯色淺，但味覺表現上確實具有高度發酵的特徵。

　　近年來中國製作的鐵觀音，茶湯色澤普遍都呈現蜜綠色，與傳統鐵觀音茶湯呈現金黃色或琥珀色有很大的差異。以類似白茶加工方式的長時間萎凋、攤青較薄、炒菁較熟，以及團揉過程中去紅邊的特殊加工方式，是現代鐵觀音普遍呈現蜜綠色的主要原因。傳統的鐵觀音以長時間萎凋與重發酵的加工方式，會使葉緣變紅，泡出的茶湯色澤偏黃，且帶有醇和的發酵味。現今為了使茶湯色澤接近綠色調，且香氣更為清純，在炒菁時必須炒得夠熟，使葉緣轉紅的部分因乾燥而剝落，加上團揉時「捽青」的動作，更加分離出轉紅的葉緣，達到綠湯綠葉的要求。製造良好的鐵觀音，即使湯色呈現蜜綠湯色，發酵度也不低，能展現出相當醇和的茶湯滋味。

　　發酵程度百分比，是指茶葉在加工前後，兒茶素類物質減少的百分比。兒茶素類物質在加工的過程中，產生非常複雜的生物化學變化。根據茶業改良場前研究員蔡永生先生的實驗，證實半發酵茶類透過加工，可溶性兒茶素類物質是可能呈現增加的趨勢，換言之，就是發酵程度呈現「負值」。

　　簡單來說，如果取茶菁採下之後直接殺菁所作的乾茶，與透過半發酵茶製造工序加工之後而成的乾茶，以相同的重量、沖泡方式來萃取茶湯，會發現以不完整的半發酵茶製造工序所做出的茶湯，兒茶素類總量反而比較高，就是這個道理。再來，從味覺感官來感受發酵程度，發酵程度越高，理應越不苦澀，但實驗中透過不完整半發酵茶製造工序所做成的茶，卻比直接殺菁作成綠茶還來得苦澀，完全與茶葉發酵的目的相牴觸。

所以，「發酵程度」一詞，應該被重新詮釋，甚至是取消使用。一個製造過程有許多瑕疵的白毫烏龍，在味覺表現上，絕對比製造良好的文山包種茶苦澀許多，但若就一般認知的發酵程度百分比數字來看（見表1），白毫烏龍的發酵程度卻明顯高於文山包種茶，卻無法從滋味上忠實呈現這兩種茶實際應有的差異。

■湯色與製作過程有關與發酵度無關

茶湯色澤與發酵程度的關係，實際上比目前大部分文獻所述的來得複雜許多。多元酚類中的兒茶素類發酵（酶促氧化），是促使茶湯色澤轉變的機制之一。針對不同的茶類加工，茶菁的成熟度、加工方式、廠房設施與天候條件，都有可能影響茶湯的色澤。

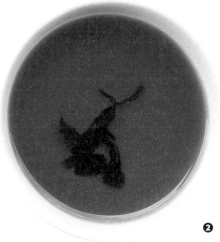

❶茶菁成熟度足夠，萎凋和發酵度都足夠的茶葉，泡開後會呈現綠葉紅鑲邊的典型特徵。❷茶菁成熟度足夠的茶葉，雖然葉底呈現三紅七綠的特徵，但茶湯依舊為金黃色，並不會紅（左圖）。反而過嫩的茶菁，製做出來的茶湯很難表現出明亮的金黃色，容易呈現混濁的積水紅（右圖）。

對半發酵茶類中的包種茶類而言，茶菁成熟度是很大的關鍵。成熟開面葉中的內含物質，有條件做出金黃色的茶湯；過嫩的茶菁，製作出的包種茶類顏色大多偏綠或偏紅，很難表現出明亮的金黃湯色。相似的原理也反應在紅茶的採摘製作上，若是採摘成熟度高的茶菁原料，製成的紅茶湯色往往不那麼紅豔。

在學理上同屬包種茶類的文山包種、凍頂烏龍、鐵觀音及高山茶，若是採摘成熟度相同的茶菁原料，所製作出的湯色可能呈現蜜綠、蜜黃、金黃、橙黃、琥珀各種顏色。主要原因在於半發酵茶類製作過程中，各地的氣候條件不同、製茶師傅的做菁方式不同，甚至於因為殺菁方式不同，或是團揉工序的有無，種種細節都會影響最終茶湯色澤的表現。湯色與發酵程度及茶湯滋味是沒有絕對的關聯；要判斷茶葉品質的優劣，湯色能做依據的比例其實是相當低的，更該注意是否為發酵不足的碧綠茶湯，或是積水紅的茶湯。但是目前比賽茶的評審卻過度注重湯色，誤導了茶農及消費者。

所以，我們可以得到以下的結論：

1. 茶湯色澤與發酵程度無絕對的關聯。
2. 發酵度高，茶湯口感越細緻、滋味醇和。發酵度低或發酵不完整，茶湯口感較粗糙、滋味苦澀。
3. 茶湯色澤會因茶菁成熟度、加工操作方式而異。
4. 應由茶湯滋味判別發酵程度，而非湯色。

市面上許多紅茶，打著高發酵程度且不傷胃的旗幟販賣，但是紅紅的茶湯一入口盡是苦澀，都說紅茶被普遍認為是發酵度最高的茶，這種滋味總讓人有廣告不實的感受。發酵程度的高低，決定在品種、季節、產地與製法之上，當茶菁中苦澀的多元酚類物質含量越高，茶葉的發酵程度理應越高，才能藉由發酵作用的力量將苦澀化為甘甜。愛茶人買茶，應該用心體會茶湯所帶來的各種味覺反應。製造工藝越精良，發酵越完整的茶，滋味必定甘甜。

葉底可以看出茶樹的品種、成熟度、產地、茶樹年齡與樹勢及製作方式等茶葉本質的條件，可以說就是茶葉的履歷表。

許多茶行老闆到茶園買茶時，標準動作都是把茶葉泡開，一葉一葉地挑著葉底，仔細審視。究竟從葉底中可以看到什麼？葉底告訴了我們什麼關於茶葉的故事？其實，葉底可說是茶的履歷表，除了能由葉子的型態看出茶樹品種、採摘成熟度、採摘方式、製造方式、加工技術掌握優劣與焙火程度，經驗豐富且對茶樹生態瞭若指掌的人，甚至可以由葉底歸納出茶園生長環境、栽培模式等更為深刻的茶葉本質。

Step1 先看品種

看葉底，第一步先觀察葉片型態，最基本的可以看出茶樹的品種。但要注意一點，無性繁殖（扦插或壓條）的茶苗，若種植在不同的地方，會因為生長的氣候條件不一樣，而發展出不同的葉片型態。同一株茶樹，因為葉片著生位置不同、新梢發育的先後，會使接受到的日照、水分與營養供給不同，葉片型態也會有不同的表現。需要對茶樹生理與生態有正確的認知與豐富的見聞，否則很容易因

●各色品種的葉型、鋸齒、葉脈不同，經驗豐富者可由葉底看出品種為何。

為同品種茶樹葉片的型態不同，產生「摻茶」的誤解。如果有機會到茶山一遊，不妨細心觀察，茶樹樹冠枝條與兩側低矮處的側枝，它們新梢葉子的型態是不是有差異？或有機會去各地茶區參觀，可以觀察同樣的品種，種植在不同地區所開展的葉片型態是什麼樣子，就能對茶樹的葉片型態有更多的理解。

▢ Step2 看成熟度

葉子的成熟度，是半發酵茶製作環節中相當重要的一環。泡開後的葉底是開面葉占多數？還是帶芽嫩葉占多數？必須是開面葉這般成熟度高的葉片，葉片內含物質多，才可以製出符合半發酵茶特色，滋味和香氣多元且豐富的茶湯（參見82頁）。

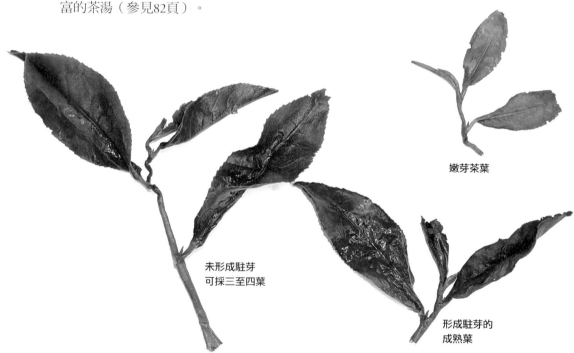

嫩芽茶葉

未形成駐芽
可採三至四葉

形成駐芽的
成熟葉

●原料的成熟度是判斷半發酵茶香氣與滋味的重要線索，成熟葉的葉底較大、較厚，不成熟的茶菁帶心，較小較薄，也較軟。

Step3 看產地

　　茶樹生長的自然環境原本就各異，加上人為管理的方式不同，使得茶樹的生育會表現出地域性的不同，這些都能從葉底特徵看出端倪。茶樹不同枝條所屬的新梢，在葉型上便有所區別。那是因為不同的微氣候因子，如日照強弱與長短，以及來自枝條與土壤的營養供給，還有來自土壤的水分供給所造成的緣故。以這些因子解釋大規模的產地特性，便可以從葉底歸納出茶葉的生長季節、生長時的日照長短、雨量多寡、茶園有無遮蔭、茶園坡向、肥培管理方式等更基礎的生態條件。

　　舉例來說，同樣的品種，在日照長、氣溫高、空氣溼度低的茶園環境下，茶樹為了減少水分的蒸散，葉面積會較小，葉組織較容易纖維化，葉肉較薄；當日照較短、氣溫較低、空氣濕度高的環境下，葉組織較不容易纖維化。在日照足夠的條件下，葉片的成熟度適當，光合作用產物充足，有利於其他內含物質的代謝合成；當茶園內有較多遮蔭，日照不足的時候，葉面積會擴大以獲取更多陽光，使光合作用順利進行。還有，在高溫多雨的夏季，土壤濕度高、葉片的水分蒸發量高，茶樹在獲得大量因蒸散作用傳輸至新梢的土壤無機鹽類，容易抽長新梢，因此節間相對較長。同理，在大量使用肥料的茶園，茶樹的新梢也會呈現相同的生理反應。

Step4 看茶樹年齡

　　葉底也會反應出茶樹的樹齡與樹勢。幼木茶樹生長勢旺盛，葉面積相對也比成木茶樹或衰老茶樹大；這能做為瞭解樹齡、樹勢的參考，並非絕對。畢竟，和茶園管理（肥培、採收等）方式都有關係。如果有機會走進茶山，不妨觀察看看不同主人的茶園。在相同的產地條件下，同一品種，葉片較大者，表示該茶園的茶樹比較強健。若樹齡還小，葉片卻提早呈現衰老茶樹的特徵，就表示茶園管理上出了問題。衰老或樹勢衰敗的茶樹，每每進入秋天，就會大量地開花結果。

●萎凋程度適度與否、殺菁程度足不足夠、攪拌的力道輕或重，從泡開的葉底可以清楚地看得出來。殺菁不足的葉底，揉捻之後葉底會較軟爛，且葉梗脫離，梗會脫皮（左圖）。殺菁足夠的成熟葉，葉底的葉型完整。茶湯明亮（右圖）。

■ Step5 看採摘

　　機器採收的茶，通常帶有規則的破裂面，且因多數的機採茶又經過機械篩選，梗的比例相對會較少。換做是人工採收的茶，即便經由團揉加工，枝梗被葉肉包覆，以及人工撿枝的工序，泡開後仍有較多枝葉連理的葉底特徵。

■ Step6 看製作方式

　　製作方式與製作工藝的優劣，會表現在葉底的外觀與色澤。半發酵茶類中的包種、烏龍、鐵觀音標榜「綠葉紅鑲邊」，也就是葉子的邊緣因為發酵作用，會呈現鮮艷的朱紅色。依照製作手法的不同，目前市場上的茶葉，包種茶與高山茶呈現葉緣鋸齒略紅，烏龍茶、鐵觀音及岩茶三紅七綠的葉底特徵。紅

金黃明亮

積水紅

碧綠

●萎凋不足的茶湯呈現碧綠色、炒菁不足則湯色紅濁，製作工序完整的茶湯則應金黃澄清。

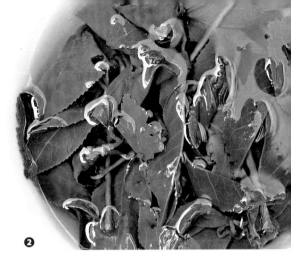

❶採摘稍嫩，但製作得當時，沖泡後的葉片還是可以完全開展，但葉片較為伏貼，緊緊依靠在一起，葉面則如綢緞般柔軟光滑。❷萎凋不足，葉底青綠，不見因發酵而產生的紅邊，是目前高山茶的典型。

邊形成的比例，與製造過程中的萎凋、靜置與攪拌、發酵等工序相關。若是茶菁成熟度不足或在加工過程中，因萎凋過度、不適當地攪拌或外力損傷葉片，容易引起茶葉不正常的褐變。與透過良好工序製作，因為氧化所產生的紅變有截然不同的品質表現。

目前台灣市場上的包種茶與高山茶，由於過度嫩採，如茶葉形成鑲紅邊的特徵，則茶湯會偏紅；發酵會讓紅邊以外的葉面，因為葉綠素與類胡蘿蔔素在加工過程中分解，使得茶菁剛採下原本的濃綠色轉為黃綠色。若泡開後的葉底呈現青綠色，多半出自草率加工的製造工序，或氮肥施用過度。製程掌握得當，泡開後的葉子，能夠完整舒展，呈現柔軟光滑、富有活性的外觀。但若是毛茶經過焙火，焙火程度越高，茶葉越不易舒展開。

■ Step7 看焙火

茶葉是否經過焙火加工，可由葉底呈現的色澤分辨。半發酵茶區主要是將焙火分為五個程度，經過不同程度焙火的葉底，分別表現出毛茶原色、暗綠、暗黃綠、暗褐等色澤。這樣的色澤差異是來自於溫度作用下，葉組織產生不同程度的褐變。焙火程度的高低會直接影響茶湯的色澤、滋味與香氣。茶葉是否適合焙火，則取決於毛茶的本質。焙火程度的高低，未必與品質有

直接關聯。

　　茶樹為了克服各種生長逆境，會調整自身的生理活動去適應環境。半發酵茶的品質是不是建立在優良的茶園生態條件、正確的茶園管理方式、適當的製茶天候及精湛的加工工藝上，除了從葉底可略知一二，從茶湯的香氣與滋味呈現，更是可以明確的分析評判。

　　看葉底是一門需要對茶葉製程及其生長環境有完整認識的學問，但坊間不時有江湖術士以不完整、甚至是錯誤的觀念教導一般人識茶，最常聽聞的就是「摻茶」一說：當葉底大小、老嫩、色澤不一，或葉型略有差異，就不明事實的直接認定這是「摻茶」或「混茶」，被誣賴者真是情何以堪。

　　喝茶除了品味茶香，更是與土地、自然親近的一種方式。除了在茶中磨練自己的感官，多多走訪茶山、理解製茶的道理，不人云亦云，才能成為真正專業的愛茶人。

Chapter 3

清香、鮮爽、濃郁、醇和

認識各類烏龍茶

百年基業奠立的清香茶湯

文山包種茶

以消水法製作的包種茶，是大文山地區茶葉的主要特色，香氣清雅高揚，但過度地追求外型，已經成為當今包種茶的致命傷。

坪林，這個早期北台灣最大的茶葉集散中心，自十九世紀末年開始製茶起，長久以來都保持著優良的產銷模式。在台灣外銷紅、綠茶的時代，坪林茶區並未隨著外銷市場起舞，仍堅持原有的路線，以消水法製作香氣清雅的茶湯；如此具特色的半發酵茶，百年如一日，在市場上屹立不搖。但如今，以文山包種茶聞名的坪林茶區，卻潛藏極大的危機。

大部分人將坪林茶區的沒落，歸咎於北宜高速公路的開通，帶走了往來台北宜蘭的人潮，或是認為高山茶的興起瓜分了包種茶的市場。其實，這兩者都不是包種茶真正的危機。

●文山包種茶向來以清香取勝，在追求茶湯鮮爽活性的同時，不應遺忘甘醇的滋味表現，必須湯色蜜黃，茶乾扎手，這才是文山包種茶的最高表現。

■墨綠緊結的茶乾，少了香氣只剩苦澀

　　台灣茶葉產銷機制的畸型怪狀，很長時間由比賽的結果決定茶的製作走向。比賽茶評審喜好茶乾外型緊結，茶農為了迎合評審喜好，想在比賽中獲得好名次，往往採摘過嫩的茶菁，並且製作時殺菁不足，為的是做出外型墨綠色、條索緊結的茶乾。

　　稚嫩的茶菁組織柔軟，殺菁不足的茶臊含水量高。這樣的採製法在揉捻階段容易成型，外型較美。如果，茶農採摘的是比較成熟的茶菁，則較成熟的葉製成成品時會呈現黃綠色，為了參加比賽，就得將這些黃綠色的葉片剔除。殺菁適度製作出的茶乾也是呈現黃綠色。只因為這些充分表達包種茶優良特質的顏色與外型，不受評審青睞的關係。如今，多數的包種茶空有美麗的外表，可實際開

●殺菁不足所造成的茶湯混濁，普遍存在於包種茶區，是造成包種茶市場不斷萎縮的禍首之一。

●石碇茶區位於在翡翠水庫集水區的石碇灣潭附近，茶園風光與水庫的湖光山色相映。

湯沖泡後，卻是轉化不足的香氣與苦澀未祛的茶湯。過度地追求外型，已經成為當今包種茶的致命傷。而這樣的怪現象，在全台各地的高山茶比賽中比比皆是。

　　茶芽嫩採，對於茶樹長遠的管理來說是個大忌。坪林地區的茶農又傾向矮化茶樹，樹冠的高度往往不及一個成年人的膝蓋高度。過度矮化的茶樹，由茶樹的粗壯枝條長出不定芽，這樣的不定芽萌芽數少，茶芽易徒長。坪林因地勢關係，多是陡峭的茶園，過度矮化的茶樹樹冠太小，除了無法遮蔽土地，更容易有土石沖刷。茶農認為這樣的管理能得到品質好的茶菁，殊不知卻大大地減低了單位面積產量，且容易讓茶樹提早衰老、經濟年限下

●過度矮化的茶樹，樹勢衰弱，單位面積產量低，對茶農收益與茶園生態來說，是雙輸的操作模式。

降。衰老的茶樹必須剷除重新栽培，而這樣的反覆重新栽植會破壞建立已久的茶園生態系統，更不符合有機栽培的概念。近年來坪林地區積極地發展有機茶的生產，就生態保育還有維護集水區水質來說是個美意，應能帶領包種茶走出新的一片天地。可是回顧當前坪林茶園的管理方式來看，茶樹過度矮化與過度嫩採的機制，卻違背了有機栽培的宗旨。

　　有機栽培，從某些層面來說是一種回歸傳統的耕作方式。期盼坪林的茶農能採用古往的工藝技術，遵循自日本時代就奠定的半發酵茶工序，讓記憶裡清香又回甘的文山包種茶再次重現。

一九八〇年代左右，凍頂茶剛崛起不久，高山茶也在此時開始嶄露頭角。在比賽茶評審的推波助瀾下，凍頂比賽茶失去了初始著重滋味的路線，朝高山茶清香型的路線靠攏。當時茶藝界的季野先生有感於古典凍頂茶的式微，提出了「紅水烏龍」一詞，意在恢復凍頂茶的古風。三十年過去了，清香型高山茶仍舊是市場主流。部分愛茶人士體認到現今市面的高山茶喝多了傷胃，開始追求茶湯細緻溫和的烏龍茶，這時，紅水烏龍才再度被提起。

紅水烏龍的本質究竟是什麼？最簡單的解釋就是一九八〇年代以前作法的凍頂茶。那麼一九八〇年代以前的凍頂茶究竟是怎麼樣的風貌？和現在的凍頂茶有何不同呢？

凍頂茶與紅水烏龍

回歸傳統的甘醇茶湯

傳統的凍頂烏龍，採摘成熟的對口葉，製造工序較為完整，毛茶的茶湯呈現金黃色，焙火後的茶湯呈現橙紅色。更簡單地說，這是一種重發酵、重焙火的茶葉製造方式。

●製作手法與北部包種茶區迥異的凍頂型烏龍茶，金黃色的茶湯較包種茶湯色稍重，滋味柔順回甘。

●凍頂茶區因為堅持手採，成本無法降低，又缺乏海拔高度的優勢，因此在高山茶與境外茶的壓迫下，沒有特色的凍頂茶失去了舞台，凍頂坪上的茶園有許多均已廢耕。其實，不僅是凍頂，台灣許多中海拔高度的茶園都面臨同樣的情況。

■ 夏紅水冬金黃，傳承烏龍茶古風

　　早年的凍頂茶，茶園不使用過多肥料，採摘成熟的對口葉，製造工序較為完整，毛茶的茶湯呈現金黃色，焙火後的茶湯呈現橙紅色。更簡單地說，這是重發酵、重焙火的茶葉製造方式，但是最為重要的環節，還是在茶菁的成熟度與毛茶製造工序的掌握。

　　烏龍茶這種半球型包種茶的製造方式，是由王德與王泰友兩位先進[1]傳授至中部名間及凍頂茶區等地。名間茶區位在彰化八卦山台地，雖然海拔不如凍頂高，但是有比較好的製茶環境，所製作出的茶香氣往往勝過凍頂。凍頂茶區腹地小，製茶空間較狹隘，製作時容易萎凋不足，毛茶湯色較紅，滋味略帶苦澀，香氣也不及名間茶清香。這兩個地區所產的茶，茶農加以焙火修飾後販售，是早期凍頂茶的樣貌。

　　後續高山茶的崛起，改變了凍頂茶原本發酵程度較高的製造方式。當凍頂茶往輕發酵的「綠水」製造方式靠攏後，茶湯滋味不僅更苦澀，且香氣與

---

[1] 王德、王泰友皆為福建安溪製茶師，於一九三七至三九年間來台，將安溪鐵觀音的布球製茶法傳至南投名間等地，包種茶才從原先的條形逐漸轉為球型的外觀。

●名間茶區在產業變遷的洪流之下，找到了自己的生存法則。品質良好的茶菁，以機採降低採收成本並產製分離，保障製程品質，讓名間的茶葉價廉物美，因此今日依舊欣欣向榮。

傳統的凍頂茶有很大的差異。

「回歸傳統的發酵式『紅水』烏龍製程」，季野先生曾明確地以文字這樣紀錄。現在有許多茶農感到市場的變化，回過頭來學習製作傳統的紅水烏龍茶，但大多仍犯了茶菁採摘成熟度不足、萎凋不足、發酵不足的通病，雖泡開的茶湯也是紅色，但卻是「積水紅」。這樣的茶湯香氣混濁、滋味苦澀，過度強調焙火的重要性，與傳統凍頂茶的原貌還有一段距離。

製作發酵度高的紅水烏龍，取夏季的茶菁是最為合適的。夏季的高溫與長日照，使茶菁原料含有大量多元酚類物質，並帶有一股燥熱的夏茶味。要是拿這樣的原料製作輕發酵的包種或烏龍，不僅茶湯苦澀，香氣也不討喜。不過，只要製造工序掌握得當，夏季的高溫其實有利促進茶菁的萎凋失水與發酵作用，製作出的茶湯色澤相對比較偏紅，正是名符其實的「紅水烏龍」；在氣溫較低的春、冬季，茶湯則偏向金黃色。

在市場吹起一股小葉種紅茶熱之時，與其一窩蜂的隨之起舞，茶農倒不如回歸傳統，製作古早味的凍頂茶。如此不僅能走出茶農自己的特色，還可以避免嫩採對茶樹的傷害，維護茶區的生態平衡。愛茶者喝了這樣精湛工藝製作的茶湯更沒有腸胃不適的困擾，如此才是茶產業永續經營之道。

番庄烏龍與紅烏龍

台東縣鹿野茶區新興的「紅烏龍」，因為兼具烏龍茶與紅茶的部分製造流程而獨樹一格。製作良好的紅烏龍，有著滋味甘醇、刺激性低的濃厚茶湯，能表現出熟花香、熟果香、蜜香等香氣。

台灣茶開始嶄露鋒芒的起點，是從外銷起家，主要銷售對象是歐美人士。從前販賣物品，不成文的規定是買方得自備容器盛裝；雖說在茶山時則會用布袋先行包裝，但外銷時會將茶葉裝入洋人提供的木箱，採誰買就是「誰裝」的說法，台灣烏龍茶賣給了洋人，所以有「番庄烏龍」此一名詞出現，而茶農便被稱之為「番庄」。

外銷時代對番庄烏龍的分級相當具體而詳細，一般來說，較低檔的稱「粗番庄」。後來，台灣內銷茶市場開始蓬勃，早期以凍頂茶最著名，是主要商品。不過凍頂茶和番庄烏龍比起來相對屬於輕發酵包種茶類，有些已習於飲用番庄烏龍的日本人，發現在內銷茶市買到的都是輕發酵的凍頂烏龍，認

●紅烏龍的誕生要歸功於茶業改良場台東分場的技術人員。製作良好的紅烏龍湯色紅豔，滋味甘甜，讓海拔不高的鹿野茶區走出新的一片天地。

為貨樣不符，再與台灣茶商比對樣品，才發現原來想要的是早期外銷歐美的番庄烏龍茶；那種烏龍茶，無論外觀、發酵程度、香氣滋味皆與現在的凍頂烏龍大異其趣，為免混淆，特地給了它一個新的名字——紅烏龍。不過紅烏龍的名字只用了短短一兩年，就不再使用。

番庄烏龍究竟是什麼樣的茶？外銷時代的兩大半發酵茶是烏龍與包種，其中以烏龍的發酵程度較高，發酵度幾乎與今日所稱的東方美人接近（參見26頁）。其實，當年番庄烏龍共有二十個品級，最高級品的茶菁就是正港的東方美人——原料是小心小葉，著蝝率高；隨採用的茶菁愈粗大，等級也逐次降低。當年番庄烏龍製程中的曬菁、攪拌工序，幾乎和現在製作東方美人一樣，產區也集中於桃竹苗一帶。若材料較細嫩，茶農會用心製造，若材料品質差，往往粗製濫造，稱為「粗番庄」。番庄烏龍的曬菁程度重，攪拌、浪菁也重，會浪到全葉幾乎轉紅，外型則採捆球機打成半球，最後精製焙火的程度亦高。

另有一種稱作「半頭青」的番庄烏龍，焙火輕重均有，也是重萎凋，但浪菁較輕，茶葉半紅半綠。此種茶原料要求嚴格，希望茶菁能「有著蝝」。

●台東鹿野地區因日照長，氣溫高的先天特性，適合重發酵茶類的製作，考驗的是製茶人的耐心與技藝。

粗番庄現在已不復生產，但半頭青在新竹北埔內銷市場仍見製造流通。品質優良的半頭青與番庄因為發酵度高，所以香氣往往瀰漫一股蜜香。

■ 兼具烏龍與紅茶製程的紅烏龍

近幾年在台東縣鹿野茶區新興的「紅烏龍」，有別過去紅烏龍是指番庄烏龍的代名詞，是一種製作方式與番庄截然不同的茶類。紅烏龍由茶業改良場台東分場研究發表，是適合台東氣候的茶葉製造方式。

台東鹿野茶區緯度低，平均氣溫比中部山區高，早春與晚冬季節製作的包種茶類品質相當優異；夏秋季因為高溫、長日照的氣候特性，茶菁原料含有大量具苦澀味的多元酚類，製作烏龍茶類品質不佳，價格也不好。氣候怡人的台東，茶樹生長旺盛，一年若只採收早春和晚冬茶，夏秋季留養不採收，一則茶農收益不佳，二來從事採茶的勞動人口工作機會減少，因此，若能採收此時節的茶菁製成紅烏龍，對茶農來說是一大利基。

台東地區的紅烏龍，因為兼具烏龍茶與紅茶的部分製造流程而獨樹一格。此種烏龍茶菁成熟度可以採收已形成駐芽的開面葉，也可以採收帶芽嫩葉。為了讓紅烏龍達到理想的發酵程度，初期萎凋工作必須徹底執行，夏季高溫的氣候正好有助於茶菁的萎凋失水。萎凋過程類似包種茶與烏龍茶的製造，在反覆的靜置與攪拌交替中，讓茶菁的水分散失，內含物質轉化。而最終回的攪拌則力道重，靜置時間也長，如同烏龍茶的大浪與靜置發酵。接著將茶菁以紅茶加工方式進行揉捻，做徹底的破壞，揉捻後的茶菁繼續靜置發酵，待菁味退去後進行乾燥，毛茶就此完成。

製作良好的紅烏龍，有著滋味甘醇、刺激性低的濃厚茶湯，能表現出熟花香、熟果香、蜜香等香氣。原本應苦澀的茶菁原料，透過製茶人用心的對待，以柔和的橙紅色茶湯回應他們的付出。

不管是過去用來代替番庄所指的紅烏龍，還是現今台東新研發的紅烏龍，雖然製造方式不同，精神內涵其實相符，考驗的都是製茶人的耐心與技藝。只要愛茶人將飲茶的焦點著重在茶湯的滋味與香氣，而非茶湯的色澤、茶乾的外型與葉底的色澤，相信在新舊世代的兩種紅烏龍茶湯中都能獲得滿足。

東方美人

產在高熱夏季的極品茶

白毫烏龍是主產在桃竹苗地區，採摘夏季被小綠葉蟬叮咬後的青心大冇嫩葉，以重發酵方式製作的烏龍茶。整體的外型因白、綠、黃、紅、褐五色交雜，也被稱為「五色茶」。

二〇一一年台灣舉辦了首屆全國東方美人茶比賽。在那一次比賽中，來自桃竹苗一帶磨刀霍霍的茶農與茶商齊聚，在主辦單位所舉辦的標售會中，特等獎以每台斤五十六萬八千元的驚人價位得標。究竟東方美人茶是怎麼在市場上崛起呢？為什麼有這麼高的價位？有趣的是，當我們想拋開東方美人那高價的比賽茶印象時，你知道嗎？原來當年三箱總重四十五公斤的東方美人，就可以換一棟「樓仔厝」！東方美人，果真是愛茶人心中至高、耗費千金也想一嚐的追求啊！

●東方美人茶，仰賴辛勤的茶農細心地將幼小的茶芽自樹上摘下，透過製茶人的雙手，讓不起眼的芽葉，幻化為世界上獨一無二的蜜香甜水。

●外銷市場沒落後的老田寮茶區，靠著獨特的東方美人茶，在市場中繼續發光。

■搖曳生姿的小心小葉

　　一百多年前，洋行在台灣大手筆收購烏龍茶銷往歐美，一度為台灣賺進許多外匯，使「Formosa Oolong Tea」的稱號揚名於世。外銷時期的烏龍茶有別於現今市場上的烏龍茶，專指重萎凋、重發酵工藝製成的半發酵茶。由於都是外銷出口，因此有個「番庄（裝）烏龍」的稱號，言下之意便是這些茶葉都是要「裝箱後販售給西洋番人」的。

　　東方美人茶的出現，是個意外。在「番庄烏龍」外銷最盛的時期，生產外銷茶最多的桃竹苗地區，當春茶採收過後一段時間，「二水」的新芽萌動、新葉初展，正是等待茶葉成熟，以待下次收成的時節。但此時，又恰巧是蟲害最肆虐的時機，剛萌發的茶芽被害蟲吸食後，茶芽即捲曲不再生長，芽葉又小又枯黃，眼看這一季的收成可能泡湯，辛勤的茶農頂著烈日，抱著姑且一試的心情，把受損的芽葉採下來，將這批原本應該是失敗的茶葉細心

地萎凋、攪拌、發酵、揉捻，製作成的毛茶經由洋行的買辦一試，不僅茶湯甘甜，還散發著濃郁的蜜香，對品質表現驚為天人，於是以高價收購，並向農人傳達日後要繼續收購的意願。茶農回鄉告訴鄰人這段奇遇，鄰人卻認為這茶農是在「椪風」，「椪風茶」的稱號也就不脛而走。

「東方美人茶」是採摘成熟度較嫩的茶葉原料，因為製造後白毫顯露，所以被稱為「白毫烏龍」。整體的外型因白、綠、黃、紅、褐五色交雜，也被稱為「五色茶」。造成這個「美麗錯誤」的幕後推手，就是大家所熟知的「小綠葉蟬」。當節氣來到「芒種」，氣候潮濕又悶熱，正是小綠葉蟬大量繁殖的時節。小綠葉蟬吸食過後的茶芽，芽葉細小，內含物質產生變化，透過獨特的製造工藝，造就了成品特殊的外觀、香氣與滋味。當時的英國女王看著水晶杯中纖細嬌嫩的茶芽搖曳生姿的模樣，因此取名為「Oriental Beauty（東方美人）」，真是名符其實啊！

根據農委會茶業改良場委會的調查研究，在台灣的小綠葉蟬，一年可有十四個世代，台灣的各茶區全年都有可能發生，其中以五月至七月危害最

●幾乎不重疊的細嫩茶菁原料，需要在半遮蔭的日光下緩緩萎凋，是東方美人製作過程中，極為耗費時間與精神的環節。

●著蝝的茶菁，葉子呈現船型，葉色轉為黃綠。

嚴重。在中國，依氣候條件的不同，假眼小綠葉蟬一年可發生九至十五個世代。當氣溫高於10℃時，小綠葉蟬即會進行攝食與繁殖的行為，在氣溫較高的地區，可發生的世代數目較多。換作是陰雨綿綿、露水未乾或日照強烈的時段，小綠葉蟬的活動力就會降低。此外，環境的區域特性也會影響小綠葉蟬族群在一年之中不同時間的消長。舉例來說，在四季分明的地區，夏季有顯著的高溫及乾旱氣候條件，冬季有顯著的低溫期，所以小綠葉蟬在春秋兩季大發生的機率較高；若在高海拔地區，因為春季溫度低，入秋後氣溫驟降，冬季低溫，無霜期短，小綠葉蟬在夏秋交替時期發生的機率較高。各地區由於緯度、海拔與茶園微氣候條件的差異，還有茶園的座向、雜草的有無、降雨強度等因素，都會影響小綠葉蟬的族群分布。

在台灣，在二十四節氣中的「芒種」（國曆六月六日或六月七日）之前，端午節慶左右，俗話說「沒吃五月節粽，破棉襖不通放」，此時期低海拔地區的氣溫會逐漸穩定上升，小綠葉蟬的危害在此時極大。茶菁受小綠葉蟬危害的程度越重，呈現出來的特有香氣也越強。至於中高海拔茶區，由於環境的差異，小綠葉蟬危害時間點便往後推移至夏至到立秋期間。

若氣候條件異於平常，也有可能造成小綠葉蟬發生的季節產生變化。春天氣溫提早回暖，或冬天氣溫遲遲不降，都會促使小綠葉蟬的活動力上升，茶菁受危害的機率就會升高；反之，若氣溫異常下降，那麼小綠葉蟬的危害情況會有減緩的趨勢。此外，連續性的降雨也會導致其活動及繁殖能力下

降。若在正常的氣溫條件下，滯留鋒面又帶來大量且連日的雨勢，小綠葉蟬的危害勢必較為輕微。

■ 戰勝自然的客家奇蹟

　　桃竹苗一帶茶區，是台灣最負盛名的白毫烏龍茶產地。製作東方美人茶的品種以「青心大冇」為最多，商品價值也最高。坪林地區的茶農，亦生產東方美人，並且是以各色品種製作。坪林的東方美人並不特別強調茶菁遭蟲蛀的多寡，而是透過重發酵的製造方式，做出獨特的蜂蜜香及甘甜的茶湯，又因為這種茶的茶湯葉底都偏紅，所以在坪林當地習慣稱此為「紅茶」，其實這就是早年的番庄烏龍。

　　夏秋兩季由於氣溫高、日照強烈，此時茶葉中對苦味及澀味貢獻度高的多酚類物質總量提高，胺基酸與可溶性醣類則較春茶含量少。此類茶菁若採製為不發酵的綠茶或發酵度偏低的包種茶，不僅滋味淡薄，茶湯也苦澀。不過，只要將苦澀的多酚類物質透過發酵作用的適度轉化，便能做出苦澀度大為降低的烏龍茶與紅茶。要是茶菁再受到小綠葉蟬的大量危害，那麼成品更會增添不同的風味。東方美人茶，可說是集所有傳統上認為對茶葉不利的天然因素於一身，在無巧不成書的小綠葉蟬的危害，還有眾人的努力之下，一躍成為茶葉中的珍品。令人品飲茶湯的同時，不禁讚嘆造物者精心的安排，與人類智慧碰撞出來的美麗火花。

　　隨著外銷市場的逐漸沒落，以外銷為導向的桃竹苗廣大茶區也失去了當年的盛況。目前桃竹苗一帶僅存的茶園，由於海拔高度低，在現今以高山茶為主流的市場中難以生存，平日只好以製造廉價飲料茶為主，僅能在夏季時利用上天所賜予的東方美人立足江湖。

　　頂著烈日，在極為悶熱的天候下採茶，是極為艱苦的工作。如今還能屹立在茶園中，一芽一芽細心採著小綠葉蟬肆虐過的茶菁的，僅剩下刻苦耐勞的客家歐巴桑。當老一輩的採茶人逐漸凋零後，宛如藝術品般珍貴的東方美人茶，該如何在歷史的舞台上繼續綻放它美麗的風采，則有待新一代茶人的共同努力了。

走訪木柵，來到樟湖山一帶，於張迺妙茶師紀念館前向北遠眺，台北101大樓矗立於拇指山西側。張迺妙茶師紀念館位在台北盆地東南側邊緣的山坡上，路旁的茶園，除了可見當年由張迺妙茶師自安溪引進的鐵觀音種，還可見到其孫輩張文輝先生所發現的四季春種種植其間。

目前台灣的鐵觀音茶園面積不多，因為鐵觀音的種植與採製繁瑣，是個極苦的差事，就連傳統鐵觀音茶區的年輕人早已放棄種茶與製茶；另外，鐵觀音茶樹的樹勢也不及四季春強健。如同中部的凍頂型烏龍茶區，在成本上揚與境外茶輸入的大環境下，節節敗退，木柵鐵觀音也不得不在在時代的潮

●鐵觀音在台灣習慣以高溫重火焙熟後飲用，有別於安溪流行的清香型飲法。鐵觀音茶「七泡有餘香」，香氣與滋味是半發酵茶類中的佼佼者。

鐵觀音

七泡有餘香的優良品種

中國鐵觀音採摘成熟度高，經過挑梗，茶乾似蝌蚪狀，泡開葉底多呈現單葉分離，茶湯淡綠，葉底多有破碎。木柵產的鐵觀音球型茶乾的外型緊結，泡開後多有未形成駐芽的嫩葉，且枝葉連理，葉緣不易見到紅鑲邊，也較無破碎面。

流中尋求出路。茶農收起鋤頭與箬藶，茶商直接從安溪進口鐵觀音毛茶，再加以焙火出售。這木柵正欉鐵觀音的光環，正一點一滴的流逝中。即使貓空纜車的營運被當地人寄予厚望，似乎仍是無力回天。

■清香濃香各不同的兩岸鐵觀音

鐵觀音在中國的發源地為福建省安溪縣，安溪緊鄰泉州，出海容易，因此安溪人移居海外者多。據統計，台灣約有兩百萬人祖籍為安溪，木柵鐵觀音的推手張迺妙先生，便是在二十世紀初自安溪家鄉引進鐵觀音茶苗，並栽種於樟湖山的第一人。如今木柵樟湖山上的鐵觀音茶樹所剩已經不多，反倒是鐵觀音的故鄉安溪，在開放兩岸通商以後，伴隨著台灣資金與設備的進入，鐵觀音茶持續蓬勃發展，種植面積不斷增加，並且銷往中國各地，打破了過去鐵觀音「只銷南不銷北」的劣勢。只是安溪鐵觀音的加工方式，因為生產設備更新、規模擴張與市場導向，已不再是傳統重發酵、重焙火的製作方式，另外發展出一種接近綠茶風味、清香型的製作方式，講求高揚的香氣與新鮮的口感，以迎合中國北方市場。

改變後的安溪鐵觀音，依舊採摘成熟度高的茶菁原料，在長時間的做青工藝下，茶湯色澤淡綠，表現出強勁的品種香氣，撲鼻而來十分吸引人，但滋味淡薄、苦澀感太過強烈，對胃腸的刺激性偏高，不適合多飲。

反觀台灣，木柵鐵觀音仍保有傳統鐵觀音重焙火的精製路線，不過在採摘成熟度與做青工藝上卻是節節衰退。過嫩的茶菁原料不符合鐵觀音加工工藝的要求，製造的成品香氣不揚、滋味苦澀淡薄，做出的毛茶就像主流市場

---

① 鐵觀音是一種茶樹品種，但也是一種茶葉的製作方式，隨著市場的演變，現在也有可能被當作是一種品牌名稱。傳統的鐵觀音做法，是採取成熟開面葉，做出來一種發酵度高，有成熟果香及熟火味，成茶形狀為球型或半球型的熟茶。但隨時代演變，不但製造鐵觀音時使用的不一定是鐵觀音品種的茶葉，製程也多有改變。可能嫩採，可能發酵程度或焙火程度都已不如傳統那麼高，但傳統上的台灣鐵觀音一定是一種熟茶。不過近年來中國已衍生出不同方式的鐵觀音做法，用鐵觀音的品種做出清香型和濃香型兩種不同的鐵觀音，清香型的屬生茶，濃香型的屬熟茶。請參見《台灣茶第一堂課》，陳煥堂、林世煜著。

❶木柵樟湖是台灣最早種植鐵觀音的地區，如今當地的茶園所剩已經不多，仰賴坪林及輾轉進口入台的境外茶，再經焙火後出售。❷福建安溪西坪是鐵觀音的發源地，也是許多台灣茶人的故鄉。隨著中國經濟成長，鐵觀音茶的種植與消費在近二十年內節節攀升，製作型態也有大幅度的改變。

的高山茶。這種輕發酵的茶葉，若仍按照鐵觀音的傳統方式焙火，就只留下焦火香而無花、果、蜜香，實在是可惜。

■ 在高山展現生機的台灣鐵觀音

鐵觀音這種品種因「七泡有餘香」而讓茶客們流連忘返。鐵觀音茶樹優越的天性，輔以良好的製造工藝，在香氣與滋味上凌駕過許多其他著名的品種。然而鐵觀音此一品種既不容易種植，也不容易製作，要沏上一壺上等的鐵觀音茶，無論是在中國還是台灣，都不是輕而易舉的事情。

中國製的鐵觀音與木柵鐵觀音在茶乾及葉底外觀上都有明顯的區別。中國的鐵觀音採摘成熟度高，並且都經過挑梗，茶乾似蝌蚪狀，泡開後葉底多呈現單葉分離。且為了讓茶湯顯出淡綠的顏色，會在團揉過程中將發酵所產生的紅邊去除，稱為捽青，以致葉底多有破碎，許多不知情的台灣消費者會誤認為是機器採收所致。木柵產的鐵觀音，採茶時的成熟度偏低，球型茶乾的外型緊結，泡開後多含有未形成駐芽的嫩葉，且枝葉連理，葉緣因發酵度偏低而不易見到紅鑲邊，也較無破碎面。

在高山烏龍茶當道的台灣市場，種鐵觀音的茶農少，懂得製作鐵觀音的師傅更早已凋零。不過數年前在梨山茶區，開始有茶農在種植少量的鐵觀音，這些原本在低海拔茶區不易栽培的鐵觀音，反在高山上展現出強勁的生命力，生長勢旺盛。在當前以青心烏龍為強勢的高山茶區，若是改種些萌芽期更晚的鐵觀音，不僅可以稍微舒緩春茶採摘期缺工的壓力，也可讓這香氣「如蘭似桂」的優良品種繼續在台灣長久深耕，與對岸的安溪鐵觀音一較高下。

●種植於大梨山地區的鐵觀音茶樹，因土壤及空氣濕度高，生長勢旺盛，有別於一般對於鐵觀音茶樹難栽種的既有印象。

高山地區日夜溫差大，茶菁的內含物質豐厚，若不過度嫩採，萎凋足夠，進行適度的輕發酵，香氣滋味的確令人神往。

一九八〇年代左右，台灣茶的市場由外銷轉向內需，並乘著經濟起飛的機會大幅興起。在這二十多年間，台灣茶產區不斷擴張，早年海拔四至八百多公尺的南投松柏嶺、凍頂茶區就已是全台最高，在現今逐漸往高海拔挺進的結果，台灣的茶產區已高至二千五百公尺。這些高山茶區在嘉義縣有梅山、阿里山茶區；南投縣有竹山杉林溪茶區，水里、信義的玉山茶區，仁愛鄉的霧社、廬山、翠峰、翠巒、清境農場、華岡；以及台中縣和平鄉的新舊佳陽、武陵農場、福壽山農場、天府農場等大梨山茶區；還有宜蘭大同鄉南山茶區、北橫拉拉山茶區、台東太麻里、金峰茶區等等。雖然海拔各自不同，但大致都在一千至二千五百公尺這個範圍。

●高山茶若在良好的產製管理下，因葉肉肥厚，香氣與滋味在烏龍茶類中可屬上乘。但近二十年來偏向綠茶化的製程，讓高山茶變了調。

內需市場迅速擴張，讓台灣茶市場掀起一股熱潮，吸引不少目光炯炯，但缺乏專業素養的人投入賣茶的行列，坊間的茶行、茶館如雨後春筍般出現。可惜這些新投入市場的人往往不具評茶能力，只懂得標榜產地與海拔高度，並過度強調茶葉外型是否緊結，比起前輩以質論價的紮實作風實在天差地遠。但是劣幣驅逐良幣，在他們的推波助瀾之下，高山茶的採製過程與品質持續劣化，導致現今高山茶產、銷、消費者三輸，著實是令人擔憂的景況。

■超量進菁的高山製茶廠

　　高山農業（包括茶業）對環境和生態的破壞，多年來已經讓台灣付出包括人命在內，極高的代價。高山茶園的土地大多是山地保留地、國有林班地，只有極少數是私有地。山地保留地是原住民耕作地，茶園私訂契約，其實並不合法，一旦發生糾紛，承租者是只能抱頭吃悶虧。至於國有林班地則屬造林地，理應用於造林涵養大地，可歎政府無能，多年來放任民眾濫墾濫伐，違規種茶、水果和蔬菜，讓國有林地一再受創。

●大梨山地區是台灣海拔最高的產茶區，茶葉價格也是最高的。但價格高不表示品質一定好。高山坡度陡峭，茶農經營管理成本高，再加上產品製優率偏低，導致高山茶價偏高，品質又未必理想。

❶阿里山石桌是早期台灣高山茶區的制高點,但在現今愈種愈高、高山茶園遍布的產業生態下,風采已不再如當年耀眼。❷桃園縣復興鄉華陵村與鄰近的三光村,是台灣最北端的高山茶區。雖然海拔只有一千七百多公尺,但因緯度高,且採粗放式栽培,做出來的茶葉品質有一定的水準。

❸高山容易起霧的氣候環境，適合茶樹生長，但濕度過高、日照過短，並不適合茶葉加工。❹由於地形變化大，高山茶園的微型氣候對茶樹生長的影響也大。雖是同一產區，向陽面和背陽面的茶菁品質就有相當大的差異，因此選好茶不能單以海拔論定一切。

　　海拔高度的確提高了蔬果和茶葉的品質。高山茶菁的內含物質豐厚，如果得到天時地利之助，師傅又能「照起工」製作，那麼高山茶的香氣滋味的確令人神往。只不過天下事總是有一好無二好。

　　高山地區地形的起伏坡度大，不利製茶廠的選址、整地和建置。以單日毛茶產出量約二百公斤的中小型製茶廠來說，除了必要的產製設備之外，還要添加積層式萎凋架（層架），及恆溫空調設備等等，投入的資金動輒高達新台幣仟萬以上。由於投資大回收難，單一茶農難以負擔，使得高山茶區的製茶廠嚴重不足，特別在大梨山茶區更加明顯。製茶廠不足的結果就是茶廠超量進菁，嚴重壓縮日光萎凋等工序所需的時間，影響茶葉的品質。

　　高山茶區的春茶產期是從四月底至五、六月間，此時正是梅雨季節，天氣不穩定，採製難度偏高，冒雨採收幾乎是常態。但半發酵的烏龍茶最重日光萎凋，必需在陽光普照的好天氣採菁曬菁，才能做出香氣、滋味俱佳的好茶，冒雨採收的「落雨菜」，只能做出菁臭味的劣品。

■新入行者眾的高山茶農

　　除了地形和天候的客觀因素之外，業者的特質，也是高山茶問題的癥結所在。

大部分的高山茶區，經營者幾乎都是外地人。除了少數的機會主義者之外，絕大部分人進入茶業之前多半是種植水果、蔬菜。原先他們向林務局、原住民租地，或向原住民購買耕作權，在這些土地上栽培溫帶水果樹或反季節高冷蔬菜。後來由於果菜價格不及茶葉穩定，而且茶葉市場暢旺，改行種茶者愈來愈多。

　　傳統茶園管理的方式，是從春茶開始採收，當節氣來到白露，秋茶採收完成，一年的茶季就此結束。開春時，茶農會將茶樹下方的土翻挖到茶壠中，在茶壠上種植蕃薯、芋頭或薑這類的短期雜糧作物，待雜作採收後再將茶壠中的土覆蓋回茶樹下方。這樣的農耕方式具有中耕的效果，藉由翻犁土層破壞上層表土根系，以促進茶樹根系往更深層土壤發展，有助於茶樹抗寒抗旱，生命力更加旺盛。

　　但現在的茶園管理方式，茶壠已經不種植其他作物，減少了翻犁的機會。茶農習慣施用大量的有機質肥料在茶園表土，尤其是未腐熟的植物粕類，像是花生、黃豆。這樣的耕作方式使茶樹產生惰性，營養根聚集於表層土壤，一旦面臨環境逆境像是乾旱、豪雨、高溫或寒害，表層根系就會受損，影響營養吸收，導致茶菁的質與量下降。

　　但不明究裡的茶園經營者，已經習慣重肥重藥的耕作方式，又因為投入龐大資金，擴張規模，勢必得追求產量極大化。但他們不懂茶樹的生理及生態，又缺乏專業知識，長年這般管理茶園，終究導致或隱或顯的惡果。

■ 高山嫩採的濫觴

　　首先是人力資源不足造成的影響。一九八○年代台灣茶葉內需市場起飛的同時，台灣農村人力也大量外移。在栽培面積擴張、投產茶園倍增的情形下，採茶工人、製茶師傅和揀枝的人工都極端缺乏。

　　傳統的烏龍茶應採摘成熟度高，中、大開面的茶菁，製成毛茶之後還要揀枝，以提高外形的美觀度與良品率。但是揀枝人力愈來愈少，排班揀枝曠日廢時，導致成本增加、影響成茶新鮮度並延誤上市先機。於是，瑞里地區

就有茶農開始採摘成熟度不足的嫩葉，嫩葉在做型（團揉）時，較易形成緊結美觀的外型，可省去揀枝的工序，嫩採的習性便開始出現。

接著在八○至九○年代間，有梅山茶區碧湖村的茶農陳先生，將原先每年四次的春茶、夏茶、二次夏茶（大小暑）、秋茶採收季節，改變為提早採收夏茶，因而增加了十一月中下旬的一期冬茶。提早採收的夏茶，多為成熟度偏低的嫩葉，拿來做成外形緊實小巧的「珠仔茶」，以區隔市場，有利茶價的穩定。十一月中下旬採收的冬茶，「冷氣」較重，低溫生長的茶本質上就較不苦澀，因而價格較好，也吸引當地茶農爭相仿效，這可說是高山茶嫩採的濫觴。

經濟規模大的高山茶園，為求便於管理，多栽種單一品種，每每五至二十甲的茶園都是青心烏龍。過度集中的品種導致適摘期僅七至十天左右，產期集中，加上高山區的天氣不穩定，以及採製工人和師傅不足，茶農被迫提早採收成熟度偏低的茶菁，亦是助長了嫩採現象的背景因素。

■對嫩採風氣推波助瀾的比賽茶

比賽茶的「風氣不良」，也是造成嫩採難以推諉的原因。比賽茶的推廣，曾經對台灣茶的內需市場成長有不可磨滅的貢獻，但由於有利可圖，在一九八○年代後期，各地農會、合作社，爭相舉辦比賽茶活動，造成場次浮濫；更因為評審專業素養不足，只知講究外形緊結，鑄成錯誤的評茶標準。茶農投其所好，嫩採茶遂蔚然成風。

茶芽是茶樹的營養器官也是生長點，採收茶菁（特別是嫩採），對茶樹來講是一種傷害。茶樹的新梢芽葉成熟到一定的葉面積才能進行光合作用，茶樹每一輪生長序有五至六片新葉，茶農採收二至三片之後，為了下一產季能冒出更多新芽且萌芽時間一致，錯誤地將頂部留下的幾片新葉剪掉，以致於光合作用能力不足，無法蓄積養分回饋根部。如此一來，只好大量施肥或進行催芽，使萌發芽數增多。但芽數增多，養分需求也更多，此時根部施肥往往緩不濟急，於是茶農為求產量不擇手段，下重手使用生長激素（荷爾

●因為土地取得不易，高山的製茶場往往建構在極為陡峭的山坡上，這種一面臨坡地的製茶場因為空間不足，室內通風不好，往往會有萎凋不足的現象。

蒙），就這麼一環扣一環，形成了目前高山茶區普遍的茶園管理模式。

　　但是嫩採的結果，原先只要四斤上下的茶菁就可製成一斤毛茶，如今卻要到六斤，甚至到七斤。經過多年的採摘管理方式下，發現茶樹會因此急速衰敗，必需提早更新。嫩採行徑對茶樹的生理、生態平衡都不利，茶農長期以來是否能獲利，也非常令人懷疑。

　　高山茶區的地理和天候條件不盡有利，加上人力調度困難，嫩採的茶菁在後段的製茶過程，命運會更加坎坷。由於天氣不穩，冒雨採收，和日光萎凋不足是常有的事。隨後又為了配合製茶師傅的排班，在產季最盛時，茶廠普遍超量進菁，趕工壓縮每個製程所需的時間，造成萎凋與發酵不足的嚴重現象。終於使得高山茶不像烏龍茶，呈現綠茶化的趨勢。

　　綠茶化的烏龍茶，品質低落、香氣不揚、滋味淡薄、苦澀味強。但是在缺乏專業素養的評審護航之下，又有外行的茶商、茶坊推波助瀾，使得市場上高山茶索價不菲。因為無專業素養能夠分辨品質，好壞隨人說，使得坊間有三斤一千的高山茶，甚至還有三斤二千多再送二斤的梨山茶。種種怪現象讓人不禁對高山茶的製程和成本結構好奇，這樣的市場價格是否真的合理嗎？

●高山茶園因為地勢陡峭，目前幾乎全都仰賴人工採收。工人人手不足，無法在最佳的採摘時段採茶，有時甚至必須冒雨採茶，是造成高山茶成本高，品質落差大的主因。

■真有三斤一千元的高山茶嗎？

　　高山茶業經營者，土地來源有三類：租用山地保留地、承租國有林班地、買斷山地保留地耕作權。茶作和製茶類型也分三類：僅有茶園、有茶園及廠房、沒有茶園廠房，僅購買茶菁租用廠房加工製造。這些外來的業者中有純投資者，將茶園管理、採收製造全部委託他人；也有自行管理茶園，再外聘採收工與製茶師，並租用他人的製茶廠的。總之，高山茶採收與製造的人工，都必需從外地高薪禮聘而來。

採收人員工作型態一般分成兩類：

1. 住工寮：由製茶廠提供食宿。茶季開始時由工頭接上山，住在茶廠提供的工寮。每天從早上五、六點開始採茶，一直到日落西山結束。每人每天約可獲得二千至五千元不等的工資。

2. 當天往返：每天由工頭專車接送，約清晨四、五點出發，車程動輒兩、三小時，採到傍晚五、六點下工。採茶工由工頭組織，車輛是小巴或加裝木條椅的貨車，工頭按人頭抽取車資。由於採茶工人數有限，所以茶園主人必須奉承工頭（常兼任司機）。此外，各茶園都已預先排定採摘次序，如

果下雨延後，可能一延就是一週或十天，到時茶菁已經老化，逼得不得不冒雨採收，這是茶農的最痛。當天往返的採茶工每天結算工資，按採收重量核算，茶園主人必須以現金支付。

製茶師也分為兩類：

1. 茶園主人本身為製茶師。負責做菁、炒菁。團揉做型則外聘人員操作。作型費用按毛茶數量計價，量少時以工計價。
2. 由製茶班底承包製茶。這種組合通常有一名領班，率領班底到各茶園茶廠做茶。依做菁、炒菁、團揉分工，工資按毛茶數量計價，由領班分配。

高山茶的生產成本，可分前期開墾栽植，及後期產製兩階段來分析。

1. 前期開墾栽植（費用以每甲估算，以下同）： 整地開墾費用，包括茶苗、栽植，約六十至七十萬；貯水、噴灌設施約五十萬；前三年原則不採製，每年管理費用（含除草、施肥、用藥）約一百萬。所以，在茶樹開始收成之前，投入費用約四百萬。

2. 後期產製（採製費用依地區而有不同）：採收費用約每公斤五十至七十元，目前偏嫩採，約五至六斤茶菁製一斤毛茶。加上人員的食宿、保險，每斤毛茶的採收成本在二百五十至三百元之間。製作費用也因地區而不同，毛茶每斤製造成本約落在二百五十至三百元間。若茶農本身沒製茶廠，則需另加廠租（水電、瓦斯）每斤毛茶一百元，所以每斤高山茶的採製成本最起碼要花六百至七百元。以上，還不包含茶園管理及地租的費用。

　　以一甲地茶園來說，春茶可收六百至一千斤，但最少得準備六十至七十萬現金，支付採製人員的薪資與額外的廠租。對一個農業生產者而言，這無疑是一項十分沉重的負擔。

　　高山各地的採製成本雖然各有不同（見表1），但市面喊價三斤一千元的高山茶，從這個成本分析來看，是絕無可能的。

表1：台灣各地每台斤毛茶於生產及製造過程中所需費用參考表（新台幣元／台斤）

產區	土地成本(租金)	管理成本	採茶工資	做菁工資	炒菁工資	做型(團揉)工資	茶廠租金	雜項開銷	生產總成本
梅山、阿里山	100	200	200	50~75	15	65~85	80	40~50	850
				250~300					
松柏嶺(機採)	30	100	20(含運送)	120(含撿枝)				/	270
松柏嶺(手採)	30	100	170	150				10	460
木柵	30	200	300	270				10	810
凍頂	30	150	200	200				10	590
坪林、宜蘭	30	150	250	150				10	590
桃竹苗(白毫烏龍)	500~1000(原料成本)		600~1200	300				50	1500~2500
桃竹苗(烏龍)	30	100	20	60				10	220
花東	30	150	150	250				45	625
杉林溪	100	200	200	300				50	850
梨山	150	200~300	250~300	150	120	120		60	1200

資料來源：訪查各地茶農

　　從以上種種線索可知，茶業的產銷鏈，確實許多環節都出了問題。茶農對茶樹生理及生態缺乏正確認知；採茶工對茶菁成熟度缺乏正確判斷；製茶師偷工壓縮製程；新進茶商沒有專業素養能力；比賽茶的評審多為濫竽充數的「半桶師」；加上消費者的人云亦云，造成目前茶農、茶商、和消費者三輸的局面。為今之計，主管的農政單位，茶改場，甚至茶商公會的袞袞諸公應該出面好好整頓一下了。

紅茶是全球消耗量最大的茶類，目前全球茶葉消費市場約有70％均為紅茶。在我們日常生活中，也到處可以看見紅茶的蹤跡：早餐店、速食店、泡沫紅茶店、咖啡店和各類型餐廳。紅茶在生活中看似微不足道，其實早已深深地在我們的飲食文化中扎根。

■ 採摘愈嫩，等級愈高的正山小種

「正山小種」被公認為是世界紅茶產製的濫觴，產於中國福建省，而後紅茶的製作延伸至中國的華中、華南各省份，例如著名的祁門紅茶、滇紅，都是後來衍伸出來的商品。這一類型的紅茶，被稱為「工夫紅茶」。國外將這種製造方式稱為

●製作良好的紅茶，條索緊結，烏黑但不油亮，表面隱約可見白霜，湯色紅豔明亮，葉底泛紅。

紅茶

台灣茶區的新寵兒

台茶十八號（紅玉）的出現，讓台灣沉寂已久的紅茶產製重新復甦，此外，在桃園龍潭、南投名間、花蓮瑞穗及阿里山等烏龍茶茶區都可以看到以小葉種茶樹製作成的紅茶，為台灣紅茶重新掀起一股紅潮。

「orthodox」（傳統），是將萎凋後的茶葉揉捻後經發酵、乾燥製成的。這種方式較為費工，製成的茶乾外型為條索狀。

　　紅茶茶葉採摘時的成熟度及細緻程度，對紅茶的等級有很大的影響力。採摘越嫩的芽或葉，製作出來的紅茶外型愈亮麗。當前中國市場上流行的「金駿眉」，其實就是正山小種紅茶，每市斤商品價格可高達上萬元人民幣。一般紅茶的採摘，以一芽二葉或一芽三葉為原料。而金駿眉的採摘，就如同高級的洞庭湖碧螺春，在茶芽開始萌動後不久，只採頂端芽心製作，成品外觀大多呈現金色細芽，與大葉種採製的滇紅所呈現的肥大金芽有明顯的差異。

■有相似有不同的印度紅茶區

　　印度是全世界紅茶生產量最大，同時也是紅茶消費量最大的國家。印度人一年消耗超過七十萬公噸的紅茶，占印度茶葉年生產量約75％，顯示印度人日常生活對紅茶的依賴度非常高。

●南投魚池鄉的紅玉茶園近年來不斷擴增。紅玉此一新品種的發表，帶動了台灣紅茶產業的復甦。

❶阿薩姆地區地勢低且平坦，氣候炎熱，生產的紅茶大多由印度本地人消費。❷大吉嶺所生產的高地紅茶，風味與低海拔的阿薩姆茶區截然不同。❸阿薩姆地區的茶樹多為大葉種。❹大吉嶺茶區可以看到許多中小葉種的茶樹。

　　印度最著名的兩大茶區是阿薩姆與大吉嶺。阿薩姆邦（Assam）地處平原，氣候炎熱。當地的茶樹多為大葉種，產製的紅茶多為自動化的 CTC 製法。之前曾拜訪位於阿薩姆的Apeejay公司，該公司於阿薩姆擁有約一萬四千公頃茶園，規模十分龐大；他們的紅茶製茶廠一天可生產約五十公噸的CTC紅茶。在阿薩姆的鄉村，水稻田的耕作仍是仰賴牛隻。牛隻的另一項產能，是將擠取的牛乳，拌入糖以及CTC紅茶，在鍋爐上煮製奶茶。CTC製法所生產出的紅茶滋味濃烈，純飲苦澀，但當地人加入大量的糖和牛奶來飲用，成為印度社會的特色飲食文化。

　　位於西孟加拉邦（West Bengal）的大吉嶺（Darjeeling）茶區分布在山區，

●位於阿薩姆的製茶廠，單日產量大，製作廉價的CTC紅茶。

與阿薩姆茶區景色有截然不同的茶園風光。大吉嶺茶園分布在海拔數百公尺至兩千公尺以上。據史料記載，此區的紅茶起源是於十九世紀中葉，英國植物學家福鈞（Robert Fortune, 1812-1880）將茶苗與茶籽由中國引入印度成功種植而開始的，也因此在大吉嶺的茶園，可見到許多不同於阿薩姆大葉種的中小葉種茶樹。大吉嶺茶以夏摘茶（Second Flush）最被推崇，有別於阿薩姆紅茶滋味濃郁、湯色紅豔的特點，大吉嶺夏摘茶以獨特的「麝香」（muscatel）聞名，湯色橙紅，茶湯淡雅。

●大吉嶺夏摘茶有特殊的麝香味，是不是因茶芽被椿象吸食而產生，原因耐人尋味。

　　位於山區的大吉嶺茶區，有著多

雨且易起霧的氣候特性，春摘茶（First Flush）受限於原料與氣候，製作發酵度通常偏低，茶湯不及夏摘茶醇厚。高山氣候對於茶葉的栽培與製造有利有弊，這一點同時反應在相隔數千公里的台灣與印度。

為什麼夏摘茶有如此獨特的香氣？除了天然的地理及氣候條件，初夏走訪大吉嶺茶園，不難發現樹上的新芽特別黃綠細小，表現出的特徵與台灣東方美人茶的茶芽極為相似。極有可能也是小綠葉蟬與薊馬的危害，造就了大吉嶺夏摘茶特有的香氣；且在歐美也以muscatel（麝香）形容東方美人茶所呈現的獨特香氣，如此可見一斑。東方美人茶（即白毫烏龍茶）在台灣茶的歷史地位上別具意義，市場價值也高得嚇人。從商業上的角度來思考，大吉嶺夏摘茶與東方美人茶如此神似，是不是因為當時把持印度茶市場的英國人仿製東方美人茶，就有待歷史學家來探究了。

■台灣紅茶的新發展

台灣的紅茶產業走過輝煌的外銷時代後，在新品種台茶十八號（紅玉）尚未發表之前，也就是九二一地震發生前，已經沈寂沒落了約二十個年頭。伴隨九二一的災後重建，紅玉帶動了魚池鄉紅茶產業的復甦，進而也帶動其他地區小葉種紅茶的發展，觀光客到日月潭遊覽，紅茶便成了最佳的紀念品。

就因為紅茶市場大受歡迎，如今在桃園龍潭、南投名間、花蓮瑞穗及阿里山茶區幾乎都可以見到紅茶的生產，不過使用的是原用以製作半發酵茶的茶葉品種。這些製造半發酵茶為主的茶區，小葉種的青心烏龍與金萱為主要栽培品種。因為夏季高溫與長日照的氣候特性，造就茶菁含有比較多苦澀的多酚類物質，若製作成較紅茶發酵輕的包種茶類（烏龍茶），茶湯將過於苦澀，因此以夏季的茶芽製作成發酵度高的紅茶，也算是適性而為之。

此一做法唯一令人擔憂的是，在目前的半發酵茶茶區，原本應採摘成熟開面葉製作的包種茶類，在價格好的春、冬兩季，早已經變調趨向嫩採；而

●一般紅茶品種是毫毛愈顯著，等級愈高。但紅玉這個品種有別
於一般對紅茶品種的要求，毫毛不顯，製成成品後也無白毫。

原本價格不好的夏季茶菁，應作為茶樹留養之用，如今卻為了製作紅茶而採收夏季茶菁。紅茶的採摘標準又比包種茶類更加嫩採，雖然當下對茶農來說有比較好的收益，可是對茶樹是非常大的傷害。過度地嫩採，導致茶樹提早衰老、產量減少，茶樹必須提早更新，終會導致茶農虧損。

許多喝紅茶的人，看上的是紅茶發酵度高，對腸胃刺激性低的優點。但由原本製作半發酵茶的茶農製出的紅茶卻不然，原因是，向來習慣製作半發酵茶的茶農，製作出的紅茶往往有萎凋、發酵不足的通病，滋味過於苦澀，喝多了一樣傷胃。反觀由大型公司掌握製造的紅茶，不管是機械設備、製造觀念與經驗，與半發酵茶區小家小戶的茶農相比之下都具有優勢。

農政單位誤以為鼓勵茶農製作紅茶可以提升茶農收益，實際上卻讓茶農飲鴆止渴而不自知。在許多主客觀條件上，台灣是適合半發酵茶類生產的地區，摒棄了優良的傳統製茶技術，先是炒作綠茶化的高山茶，近年又鼓吹飲用小葉種紅茶，且全台不分地區一致化處理，使得台灣這裡也高山茶，那裡也高山茶，這裡紅茶，那裡也紅茶。這樣不但失了台灣半發酵茶區的優勢，也使得各茶區失去了自己的特色。長此以往，不禁要為茶農和消費者擔憂。

大多數進口的平價紅茶，以調製飲料茶為主要用途。因為需要添加牛奶與糖調味，如果茶湯過於醇和，便少了鮮爽刺激的口感；這一類的紅茶原料通常比較苦澀，阿薩姆紅茶就是明顯的一例。純飲的紅茶，相對地需要比較精緻的加工工序，尤其是台茶八號、紅玉等大葉種茶樹，因為大葉種原料的多酚類含量高，若是萎凋、發酵掌握不當，也不適合多飲。

目前台灣市場的紅茶價格節節攀升，許多已經廢耕的茶園也因此逐漸恢復耕作。這股紅茶熱潮能夠持續多久？是不是有泡沫化的可能？令人十分擔憂。台灣過去的紅茶產業是仰賴外銷出口，後來因面臨到生產成本的持續上揚而節節敗退，最終消失於國際市場。但如今小家小戶的經營方式，生產成本與過去一樣依舊居高不下，加上台灣紅茶消費市場是以平價飲料的需求為主，雖說觀光客湧入日月潭風景區消費，振興了當地紅茶產業，但這樣的榮景能夠維持多久，仍是個問號。

最近市面上又開始流行起老茶，但什麼是老茶？存放多少年以上的才算老茶？老茶又有哪些種類呢？

一般人多以為老茶動輒要存放十年、八年才算老茶，其實只要今年春茶放到隔年後再出售，就算是陳年茶了。茶會因儲存的方式產生變化，就半發酵茶而言，成熟度愈高、發酵度愈高、焙火程度愈高，變化愈慢、愈少，反之則變化愈快、愈大；存放茶葉的環境溫濕度亦有關係，溫濕度愈高變化愈快，反之則較慢。

陳年老茶

陳香醇厚？還是火氣十足？

茶葉只要放隔年就可以算是陳年茶。香氣可能由花香轉成果香、乾果香，甚至出現酒香；湯色則由金黃轉成蜜黃、琥珀、豬肝紅；滋味由新鮮清爽轉成濃稠滑口柔順，或者帶有生津的酸勁，這都是好的老茶應有的表現。

●凍頂型老茶的條索為半球型，呈蝌蚪狀，茶乾為褐色，湯色呈琥珀色或豬肝紅，明亮清澈。

此外，光線照射也會影響茶葉變化。傳統老茶莊會將茶葉置入玻璃瓶內展示，茶葉經光線照射很快就發生變化，會產生一種「日臊味」。茶葉經儲存後，會漸漸轉化，速度與前述的諸項因素密切相關，即使同一種茶樣，因儲存年份不同，香氣滋味也會隨時間而有不同表現。

●老式茶行會以玻璃罐裝茶葉展示，但茶葉被光線照射後容易出現日臊味。

茶葉越陳越香的條件

茶葉經陳放後，香氣可能由花香漸漸轉成果香、乾果香，甚至出現酒香；湯色則由蜜黃轉成金黃、琥珀、豬肝紅；滋味由新鮮清爽轉成濃稠滑口柔順，或者帶有生津的酸勁，這都是好的老茶應有的表現。能擁有這些特徵的老茶，一般製作時都是輕到中焙火的茶葉。

含水量過高的茶葉，存放後香氣會有明顯的陳味甚至霉味，湯色也混濁暗褐不帶油光，滋味儘管苦澀度已較新茶略低，但不爽口，茶味也淡薄。若原材料製造時就已焙得過火形成碳化，經存放後，火味、焦味依然濃厚，且湯色黑褐，初入口會因焦糖化而有甜味，但細細品嘗後茶味必然淡澀鎖喉。這種茶的外觀如木炭般烏黑油亮，即使沖泡數次，葉底仍難以舒展。

其實老茶可用老人來比喻。有些老人經歷數十載寒暑歷練，處事圓融、骨健爽朗、和藹可親；有些則性格乖僻、體弱多病、長年臥床。對照茶葉，第二種老茶即是製程上有瑕疵，存放後只能變差。某些老人到老仍然脾氣暴躁，看什麼都不順眼，這就如同以不適合的品種來製造半發酵茶，怎麼做都沒有半發酵茶應有的豐富多元香味。但總體來說，只要經過存放，「茶性」還是會變柔，端視原料優劣、焙火與存放條件，而有程度不一的表現。

■ 買老茶要先瞭解台灣茶業發展

　　如想購買老茶，瞭解台灣茶業的發展也是重要的背景知識。台灣茶葉的採製方式隨時代而有不同要求。一九八〇年代前後台灣茶葉的製作是以凍頂茶為指標，當時採收的春、冬茶，以成熟對口葉為標準；加上當時茶園面積小、產量低，茶農捨不得嫩採，且製茶機械不發達，於是凍頂茶的外觀呈現半球乃至如蝦的捲曲，條索則為螺旋狀。但如果外形緊結如豆、又是嫩採，賣方說是「八〇年代老茶」，就必需好好思考其真實性了！台灣茶的製作，是隨著茶葉整型機械進步，嫩採觀念的擴展，茶葉才漸漸變得外觀緊結，火（焦）味也愈來愈明顯。

　　文山包種茶的外型，至今幾乎可說沒有變化，但採製觀念則明顯隨時代不同。早期採成熟對口葉，近年來染上貪嫩的惡習，茶菁偏嫩即採。若同樣經過存放，就滋味來說，以前的會比現在製作的醇厚許多。此外，以前包種茶炒菁足夠，現在則常有炒不熟的毛病，茶湯混濁，這也是我們鑑別包種老茶的一項依據。

● （上）九〇年代以前的凍頂型老茶，外觀呈半球型蝌蚪狀。（下）過去茶行包茶是以棉布袋內襯塑膠袋，因年代久遠，塑膠袋已氧化碎裂。

■ 是老茶還是老火茶？

　　市面上還有一種仿老茶，也可稱之「老火茶」。過去的包裝容器不發達，常以陶甕、醃缸、木箱等容器來裝茶，但因為這些器具的密封度不高，所以茶葉必須每一兩年就重新焙火以防潮防霉，加上早年又是以炭火烘焙，

●造假的老茶或老火茶，條索緊結，形狀粒粒如
豆且泛油光，沖泡後不易舒展，湯色混濁暗沉。

稍有不慎即產生煙焦味。為了加速火味退散，這種茶也只有放入透氣性好的
醃缸才會好喝。

　　因為有這樣的歷史背景，使一般人產生老茶必然火味十足的錯誤印象。
不過放入醃缸、反覆炭火烘焙都是半世紀前的做法了；近三十年來，包裝材
料進步迅速，可以有效阻隔濕氣，焙乾的茶葉毋須每年或隔一兩年覆火，
只需時間醞釀，陳放變化出來的口感更加豐富。但嫩採惡風遍吹全台後，偏
嫩的茶葉不堪火力，常焙容易出現火焦味，但因為一般人不清楚時代更迭造
成的改變，讓有心人利用此一誤解，取現在的材料高溫焙熟，或在焙火過程
中噴果汁、糖水烘焙，藉糖分經高溫的焦糖化，讓茶葉外觀烏黑油亮，茶湯
帶甜。這種茶湯色暗褐，初嘗香甜，但多嘗幾口即發現，茶味淡薄、粗澀不
滑，加工的鑿痕原形畢露。好的老茶，湯色應呈琥珀色或豬肝紅，明亮清澈
帶有油光，具濃稠感。換作是以高溫猛焙使呈火味的茶，外觀常是結實細
小，沖泡數次依然難以舒展，滋味淡薄或者苦澀，僅有火焦味而無茶味，這
就是仿老茶的「老火茶」。這類的仿老茶目前在市場上相當普遍，有些價格
更是不菲。

高海拔不代表高品質

烏龍茶的定價

台灣茶葉的市場價格高低，最主要是取決於產地，海拔愈高，價格愈高，其次是看季節和品種，最後才看品質。但養成判斷品質的實力，以品質來決定茶價是否合理，才有可能買到物美價廉的好茶。

　　大部分人買茶時應該都有類似的經驗，同樣是梨山高山茶，有的喊價一斤近兩萬，有的卻三斤二千，茶葉的價格究竟是怎麼定的？該怎麼定才合理，這中間有什麼巧妙？

　　目前台灣茶的市場價格主要取決於五個因素：

1. 產地 2. 季節 3. 品種 4. 品質 5. 其他特殊原因。

■ 同海拔齊頭式平等的不合理定價法

1. 產地：

　　以海拔高度為產地價格主要依據。產地價格第一高的是大梨山地區，其中最高的為大禹嶺與福壽山農場，其次是兩千公尺以上，沿台八線標高為105K的梨山地區，再來是一千六百公尺左右的翠峰、翠巒、紅香、霧社（清境農場、東眼山、大同山、廬山）、杉林溪。產地價格再往後推的是一千六至一千公尺的梅山、阿里山、塔塔加、信義神木村、拉拉山；一千至八百公尺的古坑、竹山、凍頂。再往下是名間茶區（坪林的海拔也差不多位於此範圍），更低則是桃竹苗茶區。這些茶區以產地為其主要計價依據，其餘如品質等條件，對茶價只有微幅的影響。由此，可以說同一產區，茶價往往是「齊頭式平等」，漠視、抹滅了品質優劣間應有的價格差額。

2. 季節：

　　春冬價格為一年最高的，其中冬茶又因產量較少，且至來年春茶有空窗期，在價格上比春茶略高。夏、秋茶為春茶價格的二分之一至三分之二左右，愈接近春冬，茶價愈高。暑茶甚至只有春茶的

半價。初秋茶價格低，晚秋價格漸漲，接近春冬茶價。

海拔一千六百公尺以上的地區，沒有一般所謂的冬茶。以大梨山地區來說，因海拔較高，第一次採收已在五月中至六月，第二次則在九月底至十月中。若按時令，並不是真正的春冬茶，但茶農習慣稱每年第一次採收的茶為春茶，最後一次為冬茶。

坪林、石碇的文山茶區，春茶在四月中採收，最後一次則在十月底採收完畢，嚴格說來，應屬於秋茶，但茶農依然習慣稱為冬茶，木柵茶區亦是如此。

3. 品種：

台灣人對茶樹品種有明顯的好惡。在木柵茶區，正欉鐵觀音為最具商品價值的品種。其他品種製成的鐵觀音，即使品質再好，也僅有二分之一至三分之二價格。文山包種茶區，以青心烏龍獨占鰲頭，商品價值最高，甚至有除種仔（青心烏龍）以外不是茶的偏見。全台其他茶區，也以青心烏龍為最主要指標，其他品種一般只能有二分之一至三分之二的價格（同一產季）。

高山地區海拔一千六百公尺以上的地區，除青心烏龍以外，幾乎沒有其他品種栽植。只有福壽山農場還有少量的武夷、奇蘭，武陵農場有少量金萱，其餘絕大部分則是青心烏龍。杉林溪幾乎全屬青心烏龍的天下。阿里山茶區以青心烏龍為主，不過包含了些許的金萱、翠玉。

4. 品質：

台灣茶葉目前的市場交易情況，對品質的要求漸已退居末位。主要是因為近年來茶葉的採製觀念以嫩採為主流，這種茶菁原料先天內含物質不足，成品香氣滋味既薄且弱，於是，只能以外型、湯色、產地、品種等最表面的條件來決定價格。而一般人、茶商對茶葉品質了解不深，更缺乏茶知識相關的全方面素養，也僅能從茶乾緊結、保綠程度等枝微末節的地方，隔靴搔癢地判斷茶葉品質優劣。

5. 其他：

白毫烏龍與紅茶有別於一般條型或半球型包種茶以春冬茶取勝，獨獨此兩種發酵程度較高的茶類特重夏茶。特別是白毫烏龍，例外地特重外觀，且

外觀也與茶湯品質緊密相關，以白毫顯露、五色斑斕，價格為上。

■ 重製作品質更勝海拔高度的坪林茶區

以上五個因素是茶葉定價的主要判斷依據，然而也有例外的茶區，那就是文山包種茶區。在當地，對茶價也有品種歧視，以青心烏龍居首；但坪林地區的茶商對同一產季、同一品種的茶，會進一步以品質而非海拔高低論斷價錢。坪林茶區海拔在二百到八百公尺之間，差異不小，在一般的茶區，光從不同的海拔差異就會先為茶價定下不同的起點，但在坪林，八百公尺的劣茶會比二百公尺的好茶便宜。全台僅有此地區會對相同品種、產季的茶葉著重品質更甚於海拔高度。因此，坪林茶農對於製茶工藝格外用心，甚至將每天不同時段採製的茶分別販售。坪林此種議價方式實在值得其它茶區參考。

高海拔茶區的齊頭式計價，不區分不同的採製時段及不同的天候，茶價都很接近，導致茶農在技術上不求精進，只要將茶菁製成毛茶便能賣得高價，這實在是台灣茶業退步的主要原因。反觀低海拔茶區，無論茶農再怎麼用心做出香甜甘滑的絕品好茶，卻總被海拔的魔咒罩頂，始終賣不到好價錢，於是茶農自暴自棄，以量來拚經濟；俗諺說人往高處爬，如何會到放任品質往低處流的地步，真是值得茶農深思反省的部分。

台灣茶業如果希望能更加進步，不論海拔高低，各茶區都應該向坪林學習，漸漸發展以品質為計價最主要依據的標準，如此茶農將更用心製茶，消費者也可以按價格買到品質相對應的茶，這才是促使台灣茶更上一層樓的根本動力來源。

●坪林茶葉的買賣以質論價。海拔高度較低的茶只要製作精良，售價也可能比海拔高的茶好。

有機茶不施化肥，茶菁內含物質中可使茶湯甘甜的胺基酸較少，苦澀的多酚較多，因此製程更需要完整，才能將苦澀化為甘甜，製成真正的好茶。

食品安全是當前社會的重要議題，標榜自己是有機種植、有機養殖的動植物產品比比皆是，似乎只要加上有機二字，就能為銷售鍍上一層保障。茶葉也不例外，有機茶是目前茶市場上的當紅炸子雞，不少品牌的茶葉都標榜產地履歷，種植過程透明，讓消費者可以買得安心。

不過多數追求有機概念茶的消費者往往忽略了一點，茶葉有別於其他種類農產品，除了茶葉新梢的生長發育和採收兩階段，採收後的茶菁還得在適

●（上）有機栽培的茶樹，葉色顯黃綠，葉肉肥厚。（下）慣行農法施用大量化肥，葉色濃綠，葉肉較薄。

當的天候條件下，進行一系列的加工，才能決定品質的優劣。

■ 更不適合嫩採的有機茶

農作物的有機栽培，從土地的使用、土壤品質、灌溉水質、種苗、雜草控制、肥培管理，以及病蟲害防治等，各方面都有一定的作業標準。從事有機栽培是十分辛苦的工作，投入成本往往與獲益不成比例，這也是商品售價居高不下的原因。

消費者願意負擔較高的售價來購買有機栽培茶的動機，不外乎是為了能飲用更安全、對身體更健康也更無負擔的茶。但費盡心力種植出來的茶葉，如果不明白它的特性，沒有採取適合有機茶的製作方式，不僅浪費了茶農的苦心，喝了還可能傷胃。

有機栽培的茶樹，不像慣行農法

● （右上）粗放栽植的拉拉山有機茶園，茶樹常可見被蟲蛀咬的痕跡，但製成的茶葉並不減其風味。（下）粗放的茶園茶樹附近常可見到雜草生長保護土壤。

施用大量的化學肥料，因此茶葉新梢所含可使茶湯甘甜的胺基酸比例相對較少，苦澀的多酚類物質比例相對較多。因此有機栽培茶不適合嫩採，因為嫩採有機茶菁製作出的茶湯滋味更為苦澀，而且稚嫩的茶菁香氣物質含量少，香味低淡。其實，不論茶樹的栽培過程是否有機，最終在加工階段，還是得要求適當的發酵程度，才能讓消費者喝到甘醇、低刺激性的茶湯。

台灣茶在五、六十年前的外銷時代，茶園管理不使用農藥，也沒有肥料可以施用，當時的慣行農法其實就是有機栽培，且烏龍茶的製作發酵度高，滋味與香氣並重，就是這種傳統的「有機茶」，為台灣茶在歐美建立了良好的口碑。

近年來茶葉生產及消費意識都有所提升，除了期待茶園回到過去自然有機的栽培方式，在茶葉製作的觀念上也該呼應有機栽培茶葉的特性，回歸傳統，製作發酵度高，喝了不傷腸胃的茶湯。這種模式不僅可幫助有機茶園永續經營，喝有機茶的消費者也能真正因為喝有機茶而在身心上獲得滿足，不必為了喝有機茶而忍受苦澀的茶湯和腸胃的不適。

■ 是不是有機不能光憑標章

有些消費者不相信所謂的有機栽培，但相信數字會說話，覺得只要農藥殘留量符合世界潮流規範就可以安心飲用。於是許多茶商便拿著「農藥殘留檢驗報告」作為行銷工具，以取信消費者。

現行各個檢驗公司所提供的農藥殘留檢測服務，都是由送測者自行取樣約一百公克，檢驗單位再從送檢樣本中取少量樣本進行實驗分析，剩餘的樣本由檢驗單位留存，得出來的結果。嚴格來說，除非由買方親自抽樣與封裝，否則這份報告書只針對區區一百公克的「送檢樣本」具有效力。其實，農藥殘留檢驗原是茶農與茶商針對自己所生產與販售的茶葉品質做自主管理的工具，但現在卻成了茶農與茶商主要的行銷手段，真的是本末倒置。

所以，就像其他標榜有機的蔬菜及農產品，消費者也要親自走訪產地才能眼見為憑一樣，想真正買到安心安全的好茶，不能光只相信有機憑證，一定要親自走訪茶山，瞭解茶農種植與製作的方式，才有可能買到真正的有機好茶。

每年只要一邁入四月及十二月，便是茶農最緊張的時期，因為各地烏龍茶的比賽在這個時節正如火如荼地舉行。全台各地產茶的鄉鎮，大大小小的比賽場次多如牛毛，消費者也殷切期待著比賽茶的上市，準備大舉收購，應付送禮所需。

比賽茶的興起，起於一九七〇年代中期。當時茶農的製茶技術高低不齊，茶葉的買賣也還需透過中盤商及零售商轉售給消費者，茶農本身的收益並不理想，生活也不富裕。辦理比賽茶的目的，主要是為了提升茶農的製茶技術，次而是幫助茶農自產、自製、自銷，增加農戶的收入，改善生活品質。當時的立意雖然良善，但到了三十年後的今天，比賽茶卻已經淪為罔顧消費者權益，盲目炒作茶價的工具。

比賽茶場次浮濫、制度不完善與評審的專業能力不足，是導致當前比賽茶品質不一的主要原因。在台灣，只要是產茶的鄉鎮，不論是地方政府、農

●全台各地常可見到掛滿特等獎獎牌的茶行，但消費者買茶還是應該逐一試喝，找到適合自己又不傷身的好茶。

會、商會、協會、產銷班、合作社、社區等組織，都會舉辦比賽茶，茶農只要繳交二十二至二十三台斤的茶葉參加，就算是一個參賽點數。比賽茶的規模大小不等，從數十個參賽點數至六、七千個參賽點數都有。比賽茶的規模差異大，品質落差也大，這麼多人踴躍地參加比賽，不外乎就是為了瓜分比賽茶背後的龐大商機。

■ 球員兼裁判的比賽茶亂象

好比全台灣的農舍奇蹟，只要有錢有閒的人都可以買農地、蓋農舍；各地比賽茶，也不論士農工商，只要有興趣的，皆可報名參賽。這使得原為提升茶農製茶技術為目的而產生的比賽茶，淪落為投機分子謀財的工具。「比賽販仔」便是因應制度缺失所產生出來的行業。這群自己不種茶的投機客四處向茶農收購毛茶，再自行經過撿梗與烘焙的精製作業報名參賽。以坪林地區為例，不論是否為茶農，凡是設籍在坪林區的居民均可報名參賽。北部某茶區就曾經出現總計一百多參賽點數的比賽中，同一位茶農竟然就報名五十餘點的比賽茶怪象。

台灣最大型的比賽茶，春、冬兩季各約有六千多點報名參賽，分為初審及複審二階段評審，初審由當地培訓的評審執行，複審則由茶改場官員審評。比賽制度容許球員兼裁判，執行初審的人員本身也可報名比賽，難免令人懷疑比賽的公平和公正性。最嚴重的是，各地比賽茶所服務的對象，並非當地的茶農，而是其他鄉鎮，甚至是其他國家的茶農。以鹿谷的比賽場為例，參賽者所使用的茶葉，早就已經不是鹿谷鄉當地的茶葉原料，而是來自阿里山、梨山、杉林溪等高山茶區，甚至是從中國、越南等其他國家進口；

●台灣比賽茶的舉辦場次多如牛毛，制度浮濫，早已淪為商業炒作的工具。

南港與汐止的包種茶比賽，所用的原料也幾乎都來自石碇、坪林、宜蘭茶區，南港本地的茶園面積少之又少；著名的木柵鐵觀音比賽，毛茶多來自多數木柵茶農的故鄉——中國福建安溪；林口、龜山、蘆竹地區比賽茶毛茶則多出自南投名間。

比賽茶中最著名的鹿谷凍頂比賽茶就是典型的例子。鹿谷比賽茶原本是為鼓勵當地農民進步，並強調地方茶葉特色而舉辦，但時至今日，當地所生產的茶葉，卻屢屢不被評審青睞，多數得獎者的茶是來自海拔比較高的新興茶區。今日若來到凍頂山，廢耕的茶園舉目皆是，因為茶農以凍頂產的茶參加當地比賽無法得獎，只有前往海拔更高，先天條件更好的高山種茶，並以此參賽獲取更高的利益。這造成高山茶區過度墾伐，而低海拔茶區地勢平坦利於耕作的茶園乏人問津，不是轉作就是廢耕。只因為現今潮流重視海拔高度，讓此區域所生產的茶無法與高海拔茶區相抗衡，且還有大量進口茶魚目混珠假稱產地茶的產業亂象。

■ 你買的比賽茶有價值嗎？

比賽茶起初被消費者接受的原因，在於評審可以專業能力選出品質優良的茶葉，替消費者把關。一方面鼓勵製茶技術優良的茶農，另一方面指導製茶技術有缺失的茶農，以期下回有更好的表現。茶葉的審評工作，代表審評者應具備茶樹生理學、茶樹生態學、茶葉化學、茶葉製造學等多項豐富的茶葉科學知識與相關實務經驗。然而，台灣長期以來一直缺乏完整的茶學教育體系，茶業改良場為全台灣茶產業的最高官方專責機構，單位內的公僕是透過一般公務人員考試分發任用，往往是進入該單位後才開始接觸茶葉，甚至到退休之後，對茶葉產製的理解還不如一個有經驗的茶農。檯面上的比賽茶評審，無不自以為德高望重又經驗老到，但多數的評審根本沒有能耐足以擔當此重任。過去的茶葉審評，評審會明確地告知參賽者參賽茶樣的缺失，以促使技術提升。如今的比賽茶，場次與資格浮濫，評審專業能力不足、態度馬虎，淪為主辦單位的橡皮圖章，只是矇混農民與欺騙消費者的視聽。

過去主辦單位宣布得獎名單與展售會同時進行，如今展售會在公布得

獎名單後數天才辦理，得獎的賣家可與買家私下談好價格，再於展售會當天釋放出高價收購的訊息，藉此炒高比賽茶的行情。也有主辦單位以低價向農民購買得獎的比賽茶，再轉售給消費者，奪取應屬於農民的利益。更誇張的是，若主辦單位收購的比賽茶無法賣出，可能要求以原本的收購價賣回給農民，或賤價賣給消費者，這種欺壓農民的作法，讓許多人敢怒不敢言。

對一般大眾而言，購買透過比賽茶制度所選出的得獎茶，代表的是一種尊榮，滿足了消費大眾崇尚高級品的心理。且比賽茶得獎等次有一定的市場行情價格，對茶葉品質認識不深的一般消費者，在自己茶几擺上兩罐比賽茶，或是拿來饋贈親友或客戶，不管是送禮或自用，均不失禮數與派頭。可是，如果是回歸市場機制的茶葉交易，產製皆屬上等的茶葉，市場零售價格一台斤約介於六千至八千元，一般在兩千至三千元的單價區間就可買到品質很好的茶葉，但同品質的茶葉，若流向比賽茶市場，價格就要翻上數倍。消費者何苦為難自己，花大把鈔票購買比賽茶，卻不一定買得到在台灣生產且品質優良的茶品呢？

大多數消費者對茶葉品質的辨識能力不足，也是促成比賽茶迷思加重的幫兇之一。其實只要以乾淨的瓷碗、沸騰的開水與一隻湯匙，大部分的消費者都可以建立起對茶葉品質的判斷力，不需假他人之手。如果我們能瞭解比賽茶的種種缺失，進而促使茶葉交易回歸市場基本面，那麼大家都可以喝到價廉物美的台灣好茶。

全台各地的「比賽茶」（優良茶評鑑），已經演變成為服務投機客的溫床，成為各主辦單位假借公權力之名，行詐騙消費者之實的商業炒作行為。台灣的茶產業為何會淪落到這種地步？從制度面來看，各地區的比賽茶顯然已經失去公信力；而擔任評審的公務員領取納稅人的薪水，明知參賽者的茶葉來源有問題，或者本身專業能力不足，無法分辨外來茶，卻仍然為比賽茶背書來欺騙消費者。主管機關是不是該重新檢討茶葉評審制度，讓消費者獲得保障，而不是像砧板上的魚肉任人宰割了呢？

消失的進口茶

你喝的茶是進口茶嗎？

和廉價的境外進口茶競爭，台灣價廉物美的機採茶有最好的條件。不但是貨真價實的台灣茶，且品質往往不輸手採茶。

標榜台灣茶的本地烏龍茶其實是進口越南茶？

的確，越南是台灣進口茶葉的五大來源國之一，每年進口三千公噸的烏龍茶及近九千公噸的綠茶，而這些以綠茶名義進口的茶葉，又有一部分是為烏龍茶。但我們卻很少在賣場、茶行、電視購物台等經常購買茶葉的管道，看到標示產地為越南的越南茶，那麼，這麼龐大數量的進口茶到底消失到哪裡去了？

台灣進口的茶葉除了越南茶外，還有來自中國、斯里蘭卡、印尼、印度輸入的。根據二〇一二年海關進出口貨物統計數字，接近三萬公噸的進口總量中，越南占二二一六五公噸、中國占三九九二公噸、斯里蘭卡占一九五四公噸、印尼占七五七公噸、印度則有四五一公噸。依照台灣法規從中國只能進口普洱茶，因此公開資料中將近四千公噸的中國茶葉，絕大部分為普洱茶。但近年來，有許多台灣商人到中國以台灣的品種，台灣的種植方式和製茶方式，在中國生產 台式烏龍茶 ，這些 台式烏龍茶 據悉是經由第三地轉進台灣，巧妙地避開法規限制輸入台灣。自斯里蘭卡、印尼及印度進口的茶類則主要為綠茶與紅茶，以及少量的烏龍茶和包種茶。

之前有立法委員在媒體上控訴政府對於進口茶葉的管制鬆散，造成本土茶農的生存遭受擠壓。立委說：「農委會說只要販售的茶葉裡面混有1%的台灣茶葉，就可以說是台灣產。」其實這是空穴來風。一來，食品原產地標示相關業務的權責隸屬衛生福利部食品藥物管理署，並不屬農委會。二來，

以當前法規來看，除了將進口茶製成茶包或茶飲料（產品物理性狀改變）後，可以將產地標示為台灣以外，任何販售的茶葉都必須明確標示其原產地。若是商品混合了台灣茶及越南茶，也應該標示其混合比例，沒有討價還價的空間（見表1）。可是根據目前的法規規定，我們喝的各種茶葉飲料，包含手搖飲料、罐裝飲料或是各種餐飲通路所喝到已經調製好的茶飲，依法都可以標示為台灣茶。

■ 進口的境外茶究竟流落何方？

如果在各餐飲通路與飲料市場的進口茶，能以台灣茶的名義合法販售，那麼，其他的進口茶葉究竟流落何方？

有部分的進口茶業者宣稱依照衛生署的標準，在貨品加工製造的過程中，只要完成重要製程或附加價值率超過35％，就可以將加工者所在地標示為生產地。所以認為從國外進口的茶菁等，只要在台灣稍做加工，就可以稱為台灣茶。但二〇〇五年財政部與經濟部所頒布「大蒜等八項農產品之原產地認定基準」中，明訂茶葉必須以其收割或採集之國家或地區為其原產地。

●台灣種茶及製茶的技術在全世界遍地開花，越南、印尼、紐西蘭各處都有台商種植的茶園。圖為境外烏龍進口台灣占大宗的越南茶園。

儘管如此，我們仍不曾在任何茶葉的販售點，看到產地標示為中國或越南的茶葉。

　　台灣茶農生產每台斤茶葉所需負擔的成本，機採約需二百七十元起，大部分的手採茶成本每台斤約在五百至一千二百元，若再考量茶農收益，以及批發商、零售商的管銷成本，那麼到消費者手中的茶葉合理價格應該是多少？而進口的手採台式烏龍茶，依品種與品質差異，每台斤批發價格自二百元起跳，品質優異者亦有千元以上的行情。再看看各大賣場、電視購物台、傳統市場、旅遊景點禮品店及街旁的茶行，標榜著「手採台灣高山茶三斤一千元」或是「大禹嶺（或梨山、杉林溪）茶三斤兩千元，送一斤，再送您精美茶具組。」的貨色，依據上述的成本推測，這有可能是台灣本地生產的茶嗎？

　　許多的進口茶葉流入飲料市場，合法地被稱為台灣茶販售，但因為政府單位的消極作為，讓一年數千公噸的進口台式茶流向不明，苦了茶農，樂了茶商，還讓不知情的消費者喝著俗又大碗的境外台式茶而不自知，有關單位應該就此檢討，別讓無辜的消費者繼續被蒙在鼓裡。

●福建漳州永福號稱中國阿里山，是台商生產台式烏龍茶的重要基地。

表 1：台灣進口茶葉標示規定

產品	進口國	實質轉型、加工、或包裝方式	原產地標示方式
大包裝茶葉（註：毛茶撿淨）	越南	在台灣分裝成小包裝茶業後販售	越南
茶菁	越南	在台灣經乾燥、自然發酵後，製成紅茶茶葉後包裝販售（特定貨物原產地認定基準，由經濟部及財政部視貨物特性另訂定公告）	越南（註：實際上無廠商進口茶菁原料至台灣加工）
茶葉	越南、日本、台灣	在台灣混合包裝後，以真空包裝茶葉販售	越南、日本、台灣（註：仍須依混裝含量〔重量〕由多到少排序標示）
茶菁	越南、日本、台灣	在台灣經乾燥、自然發酵後，製成烏龍茶葉後包裝販售（特定貨物原產地認定基準，由經濟部及財政部視貨物特性另訂定公告）	越南、日本、台灣（註：仍須依混裝含量〔重量〕由多到少排序標示）
茶葉	越南、日本	在台灣加工製成茶包（產品物理性狀〔外觀〕改變）	台灣
茶葉	越南、日本	在台灣加工製成茶飲料（產品物理性狀〔外觀〕改變）	台灣

■ 境外茶真的不好嗎？

在境外生產的台式烏龍茶，不論資金、設備與技術都是由台灣輸出，成品的外型與台灣產的烏龍茶沒有差異，口味也與台灣茶相當，挾著低價的經營成本優勢，大量銷回台灣。因為價格低廉，口味也與台灣茶無顯著差異，一掛上台灣茶的招牌販售，本土茶農立即在這場競爭遊戲中敗退下來。

農委會茶業改良場負責比賽茶評鑑的官員接受媒體訪問時也表示：「就連行家都不一定能辨識，何況是消費者！」的確，在中南部茶區的比賽茶競賽中，進口茶早已經滲透其中，並屢屢拿下優良的成績。那些批評進口茶都

是劣質茶的說法，豈不是往這些評審臉上呼了重重的一巴掌？如果這些進口茶葉屢屢奪下比賽佳績，各地的比賽茶特色又在哪？台灣茶還有什麼值得驕傲？

在越南、泰國、緬甸、中國等地種茶的台灣商人很聰明，他們挑選適合的環境種茶，在成本合理的管理方式下，產出品質不錯的茶菁原料。符合主流市場口味要求的比賽茶，評審標準講究產地條件，要求嫩採與輕發酵製程，傳統製造工藝不被重視，因此進口茶有辦法藉著比賽茶「改頭換面」。

進口茶並非沒有好茶，依照法規進口的茶葉為何人人喊打？「賣越南茶或中國茶變成了一件可以做而不能說的見笑代誌？自紐西蘭進口的台式烏龍茶在媒體塑造下卻身價不凡？」一家在越南投資數十公頃茶園的公司經理人如是說。

有人說，「越南曾於越戰期間遭美軍噴灑落葉劑，有毒化學物質殘留於環境中，所以種植出的茶葉有毒而不能飲用。」嚴重污名化越南茶的文章在網路上四處轉錄。但在國際貿易盛行的今日，中華民國政府立法核准自越南輸入茶葉，大可逐批檢驗，不合格者銷毀。如果在市場上的越南茶含有劇毒，代表的是在食品衛生安全檢驗上出了問題，是政府漠視國民健康，縱容進口商毒害國人。但是，我們卻不曾看過具有公信力的機構對越南茶含毒的指控加以證實或澄清，又怎麼能依此說越南茶一定有問題？

其實進口茶真正的問題不在茶葉品質本身，而是入侵比賽茶壓縮了本地茶的發展空間，同時彰顯了茶商利用立法漏洞獲利與相關行政效率不彰的問題。進口茶以假亂真，藉由產地標示不實，欺騙消費者購買。這個問題存在已久，何時會獲得正視仍舊是個未知數。

如果說，進口茶挾著低價的優勢在台灣闖出市場空間，那麼台灣同樣擁有低價優勢，以機採茶為主力產品的南投縣名間鄉、南投市，大可以台灣本地生產，品質不輸手採的機採茶為訴求，與進口茶一決雌雄，搶占這塊市場。讓需要物美價廉的台灣茶消費者有個印象，「松柏坑茶」是最佳的選擇。只是名間、南投兩地的農會卻不知好好利用這樣的優勢大力行銷機採茶，真是錯失良機啊！

茶行的角色

傳統茶葉的產製銷結構中，面對消費者的是市街上的茶行。如今因資訊的公開化、普及化與行銷方式的轉變，消費者可以透過網路、電話行銷、大型商場等模式購買茶葉，或是直接開車到茶山向茶農買茶。買茶的管道百百種，為什麼要到茶行買茶呢？直接向農民買，讓農民不被商人剝削，不是比較好嗎？相信有很多消費者抱持著這樣的信念，走出茶行，轉而走入茶山。但到了最後，消費者還是買不到好茶，茶農也沒賺到更多的利潤，仍然兩頭落空，這究竟是為什麼呢？

■ 掌控茶葉品質與價格的守門員

「去年和 A 茶農買的春茶很好喝，今年春茶還沒採就預定了數十斤，但是今年的品質和去年相較之下實在差太多，我懷疑茶農拿進口劣質茶混充。」許多走入茶山的茶客這樣抱怨，雙方的交易關係也就因此畫下句點。

●茶葉的生產品質極不易穩定，茶行肩負著的是為消費者把關品質的重責，並成為傳遞茶葉知識的橋樑。

茶葉是比起咖啡、葡萄酒等更容易受天候影響的農產加工品，有時上午採收或下午採收，同一產區的向陽山坡或背陽山坡，茶葉的品質就可能產生差別，若希望每次購買的茶都有一定的品質保證，茶行是最佳的購買管道。

●少投葉量，長時間浸泡，讓茶葉內的可溶物質完整溶出，待茶湯稍涼後再品飲，是挑選好茶的不二法門。

　　茶葉品質的不穩定來自於生產製造端。對茶農而言，每一季的茶葉品質，受天候變化的影響非常大，品質不穩定，然而生產成本卻不會因為品質下降而減少。消費者若直接與茶農交易，便會產生前述的現象──「質與價不一」，因此難有長遠的主顧關係。而這裡就是茶行應該努力的環節。

　　茶行作為生產端與消費端之間的橋樑，必須負起「品質管制」的重責，才能為廣大的茶農與消費者建立長遠的「生產──消費」體系。茶行作為銷售管道，不是只有外人眼裡的進貨、包裝如此簡單的工作。對於每一批原料的品質與成本，都必須判斷正確，除了確保合理利潤，也要保障茶農獲得合理的報酬，維持長遠的合作關係。茶行還要為所販售的茶葉負責，將正確的茶葉知識傳遞給消費者，幫助消費者選擇適合自己飲用的茶。

　　茶行的原料採購，必須釐清品種、產地、季節、天候、加工技術等變因對品質的影響。這是一門具有高度專業的工作，不僅要上知天文下知地理，而且要鑽研茶樹生理、茶園生態、茶葉加工技術等領域，加上多年的經驗累積，與足夠的資金大量採購，才能建立一套完整的銷售模式；只可惜這樣專業的茶行，多半已淹沒於市場潮流中了。許多茶行對茶葉的專業知識付之闕如，新興品牌著眼於打造茶葉的外包裝，現在連老茶行也步入了只重包裝不重內涵的後塵。

■ 做茶葉知識的傳播者

　　年輕一代的愛茶人，多半對於走入茶行試茶與買茶這回事懷有相當的恐懼感，一來不知該如何向老闆詢問自己喜愛的茶類，二來深怕上了經驗老到的老闆的當，買到質與價不一的產品。茶行給一般消費者的距離感不小，甚至連已經喝茶數年的消費者，也可能從不曾踏入茶行，而是透過親戚或朋友代買，最主要的原因是認為這樣比較不會被騙。

　　在風景區或茶山買茶，若買回家後覺得不合口味，很難拿到購買地點換貨或退貨。但在鄰近住家的茶行買茶，相對地可以享受較好的售後服務。茶葉購買前可以試飲，日後受潮或飲用時有何疑惑，都可以再回頭詢問茶行老闆。找茶、學茶、問茶，對茶有深刻認識的茶行老闆，是最好的對象。若遇到無法提供試飲服務的茶行，則不妨詢問是否可以購買少量的樣本，若還是不行，那麼大可以轉向有上述服務的茶行。

　　就像咖啡館是連結消費者與咖啡知識的橋樑，茶行也應當是愛茶人購買品質穩定的茶葉，與吸收和學習茶知識的好地方。茶葉是比起咖啡、葡萄酒等更容易受天候影響的農產加工品，有時上午採收或下午採收，同一產區的向陽山坡或背陽山坡，茶葉的品質就可能產生差別，因此茶行維持品質及教育的功能在產業的發展中更是不可或缺。只追求包裝精美，或以似是而非的知識混淆消費者，也許一時間能獲得短暫的利益，但長此以往，無論是茶產業或是茶行本身，都是輸家。

你買的是茶葉還是包裝？

台灣的茶葉包裝，過去多著重在功能性，茶行常用方形毛邊紙包裝茶葉，四兩重一包，蓋上店家的印章。塑膠製品的包裝問世與普及改變了四兩紙包的形式。起初將四兩紙包裝入塑膠袋中隔絕濕氣，後來發展出在方形毛邊紙上封上一層膠膜，能比一般四方紙有效隔絕濕氣。

不透光的高密度鋁箔袋，將茶葉包裝帶入一個新的紀元。以長條型的鋁箔袋封口，茶葉更不容易接觸外界空氣與濕氣。將高密度鋁箔袋真空包裝好的茶，再置入紙罐或鐵罐中，是目前台灣市場最常見的包裝方式。

為了更加延長茶葉的鮮度，還應用充氮技術，讓茶葉更不易產生品質變化。包裝材料的進步，使得包裝過程更加耗能。但在此一演變背後隱含的是，市面上販售的茶葉商品，對於包裝方式的要求將更加嚴苛。

為什麼茶葉包裝需要百分之百隔絕空氣？因為若不這樣做，茶葉會很快就變質走味。且現今的茶葉製作，朝向不發酵的綠茶靠攏，是導致茶葉容易在短時間內變質的主因，所以更需要密封程度高的包裝方式。或許，反過來我們也可以說是茶葉製作型態的改變，加速了茶葉包裝的進步革新。

無論是四兩紙包、或是高密度鋁箔袋，甚至是近年來為因應消費者需求改變，出現的五至十公克真空小包裝，基本上都還是以功能為取向發展出來的包裝形式。茶產業在文化創意產業的扶持下，茶葉包裝設計蓬勃發展，為原本單調的茶葉包裝市場開啟新頁，衍生出更多元的商品型態。隨著消費型態的改變，透過網路平台或是文創通路，茶葉的消費變得講究品牌故事性與視覺美學。當茶葉的內外包裝隨著時代潮流而改頭換面之時，茶葉的內涵有沒有跟上腳步，考驗的不只是茶葉的生產製造者與販賣者，還有掌握生殺大權的消費者。您買的是茶葉？還是包裝呢？

品出一杯馨芳

如何品茶

不同的茶類，各種可溶物質的組成比例不同，會有不同的品飲方式。主流高山烏龍茶發酵度普遍較低，沖泡時投葉量要少、沖泡的水溫要低、浸泡的時間縮短，喝濃度很淡的茶湯。

品茶若說有什麼學問在裡頭，那麼真正的內涵，應該是瞭解我們所喝的茶的本質，並依據自己的身體條件與需求，進而決定茶葉該如何沖泡和品飲。

專業的茶葉審評，針對茶乾、湯色、香氣、滋味、葉底有各個不同的要求。但是茶畢竟還是要喝的，著重於嗅覺與味覺感官，所以審評時仍以香氣與滋味最為重要。目前台灣的比賽茶審評過度重視外觀，讓許多有絕佳香氣與滋味的參賽茶落榜，與消費者脫鉤。

■ 如何選對適合自己的好茶

想學習品茶，首先要認清自己喝的是哪一種茶。喝綠茶講求新鮮爽口，以清淡為原則；喝半發酵茶類，講求香高味濃，對菁味應該敬而遠之；濃、醇、甜則是品飲紅茶的基本原則。

茶葉內各種不同可溶物質對於味覺與嗅覺都有不同的貢獻（參見64頁）。不同的茶類，各種可溶物質的組成比例不同，所以才會衍生出不同的品飲方式與欣賞角度。好比蛤蠣清湯講求鮮甜清爽，玉米濃湯講求濃厚滑口，兩者截然不同，若批評一碗蛤蠣清湯不夠濃郁，豈不是讓人無言以對？

半發酵茶類中，官方認定白毫烏龍是發酵度最高的產品，鐵觀音次之、而後依序為凍頂烏龍、高山烏龍、包種茶。這樣的分類從實務經驗看來其實有失偏頗（參見117頁），消費者更是霧裡看花。發酵度的高低，取決於製造工藝的掌握，在半發酵茶類中有各種的可能性，無法簡單總括。

有人說喝全發酵茶的紅茶比較溫和不傷胃，其實也不全然正確。紅茶在製造過程中如果技術掌握不當導致發酵不完整。這樣的紅茶甜度過低、苦澀度過高，尤其大多數紅茶生產以大葉種茶樹為主，具有刺激性的兒茶素含量較多，若多飲腸胃不適或心悸等症狀就會出現。

市場流行的高山烏龍茶，雖被歸類為半發酵茶，但發酵度普遍太低。透過科學分析得知，相同的茶菁原料，以當今大多數高山烏龍茶的製造方式加工，成品所含的可溶性兒茶素類物質可能比製作成綠茶的還高，也難怪很多人喝了高山烏龍茶會胃痛。當喝這一類型的高山烏龍茶時，就必須將它視為綠茶來飲用，也就是沖泡時投葉量減少、沖泡的水溫降低、浸泡的時間縮短。更簡單地說，就是喝濃度很淡的茶湯。

專業茶葉審評時是以茶水比例1：50，浸泡五分鐘後將茶湯與茶葉分離，再品嘗滋味與香氣來決定高低。這樣的方法其實也適用於一般民眾試茶，甚至可以做更嚴格的測試，將浸泡時間延長至十分鐘、半小時以上再來品嘗。長時間浸泡時茶湯的優缺點會一覽無遺。是溫和的或刺激的、適合淡飲或濃飲、多飲或少飲，茶湯會直接告訴我們。當掌握茶葉的本質後，再改用蓋碗或是壺具沖泡時，就沒有什麼困難度了。

■ 大氣壓力及水質對泡茶的影響

泡茶時用的水也有學問在其中。許多人都有在風景區購買茶葉的經驗，消費者往往當下試喝覺得甘甜可口，可是帶回家沖泡後卻覺苦澀難耐，不禁拍桌咒罵景區那沒有良心的茶葉賣家。姑且不論作生意的商家是不是沒有道德良知，將觀光客當肥羊宰，雖然黑心的商人的確存在，但若從簡單的物理化學觀點來看，高山泡茶較甘甜，背後的確有著科學的解釋。

如果高山所泡的茶葉和在平地沖泡的是同樣的茶葉，且泡茶所掌握的投葉量、水量、浸泡時間、容器特性都是一致的，那麼最有可能發生差異的，就是水。

在標準大氣壓力（1 atm）下，純水的沸點是100℃。而台灣中部海拔約一千七百公尺的高山上實際測量，可測得當時水的沸點在95℃。原因在於大

氣壓力的降低，導致水的沸點降低。若在海拔二千四百公尺的梨山茶區測量，則大約92℃就足以燒開一壺水。有登高山經驗的山友就知道，野炊時若要煮上一鍋好吃的米飯，壓力鍋是不可或缺的裝備，原因就在此。

大氣壓力會隨著海拔高度上升而下降，導致沸騰的開水溫度偏低。茶湯中的可溶物質因水溫的過低而無法完整溶解，香氣與滋味的表現便會產生落差。加上高山地區氣溫低，水燒開後沖入泡茶容器，水溫降低的速率也會比我們在家中沖泡來得快。這些因素都是導致同樣的茶葉在不同環境下沖泡，卻有不同的品質表現的客觀因素之一。所以，為什麼在高山上泡茶，茶湯總是特別的甘甜，水溫與周遭的氣溫顯得相對關鍵。

除了水溫，水質是另一個重要因素。在同樣的大氣壓力下，當水的TDS（總溶解固體）值越高，沸點也會隨之提高。當水質越接近純水的水源，因TDS較低，水沸騰時的溫度，也會接近100℃（在一大氣壓下）；反之若用來泡茶的水不潔淨，或是反覆的煮沸，造成水中的可溶物質濃度升高，沸騰的溫度會高於100℃。除了污染物會破會茶湯的香氣與滋味表現外，提高的沸點也會使得沖泡出的茶湯苦澀程度提高。

茶湯的刺激性決定於茶葉的本質與製造工藝，焙火只是些微修飾，絕對不可能將糞土變為黃金。焙火除了改變茶葉的風味，很重要的一點就是減少茶湯裡的咖啡因，但也頂多讓人喝了不至於失眠，可是若具刺激性的兒茶素類物質殘留過多，飲用後還是會導致胃痛。

喝茶原本是件有益身心的享受，但如果識茶不清或飲茶不慎，很有可能未蒙其利而深受其害。什麼樣的茶湯具刺激性是因人而異的，如果茶湯久浸且放涼之後的苦澀感讓人無法忍受的，或是喝了茶之後胃部有不適感，那這樣的茶可能就不適合大量或長期飲用。

發覺自己喝了茶會覺得心悸、胃痛、脹氣等等現象時該怎麼辦？很簡單，停止喝茶。太多資訊告訴我們喝茶有抗癌、抗老、抗肥胖等等好處，但若導致一堆人忍痛喝到產生消化性潰瘍，就是相當不智的「養生」哲學了。

買茶要領

買茶試喝是必不可少的過程，試喝時，約取三公克茶葉與一五〇ＣＣ的容器，注滿沸騰的開水，靜候五到十分鐘後倒出茶湯。滾燙的開水與長時間的浸泡之下，可使茶葉的優缺點完整表現。半發酵茶的品飲，著重滋味厚重甘甜、苦澀度低，富含因發酵作用所產生的花香、果香，以及烘焙所產生的糖香、蜜香等不同的香氣。如果時間足夠，試喝時更不妨等上半小時至一小時，因為若茶湯溫度較高時，味覺與嗅覺感官較難靈敏感知，若在茶湯較涼後再次進行品飲，更能完整感受茶的優點與缺點。若茶湯或喝完的杯底殘留著草菁味，表示製作工序不完整，茶湯通常也較為苦澀，而且色澤不穩定，在短時間內便會與空氣接觸而氧化變色。製作良好的茶葉，即使在浸泡兩三天後，湯色依然澄亮，也不會腐敗發酸。

若以烘焙程度的輕重來定義消費者所說的生茶與熟茶，那麼綠茶、紅茶與半發酵茶類中的白毫烏龍茶均屬於生茶，它們在加工過程中僅止於乾燥，缺少烘焙的工序。半發酵茶中的包種茶、烏龍茶、鐵觀音，若是前期的萎凋、發酵等粗製工序不完整，那麼這些茶不管或生或熟，品質表現均不可能理想。若是製作良好的毛茶，則不論是喝新鮮的毛茶，或是透過焙火工藝而成的熟茶，均可表現出優異的香氣與滋味。

值得消費者注意的幾點是，毛茶由於本身含水量較高，品質較為不穩定。而「生茶傷胃，熟茶不傷胃」的說法也不全然正確，因為茶湯的刺激性主要在粗製過程就已經決定，無法藉由焙火產生極大的改善。焙火工序可以使茶葉中的咖啡因含量降低，對於會因為攝取咖啡因而影響睡眠的消費者來說，熟茶是一個在茶葉選購上可以參考的項目。

消費者購買茶葉，最好是能夠當場試喝。若是店家不提供試喝的服務，那麼就購買最小的數量（一兩或五十公克、一百公克，視店家而定），免得花錢買了不如人意的商品。試喝時除了掌握前文所述的要點，不妨觀察泡茶給你喝的老闆，是不是也舉杯與你同享這一壺茶。若是老闆不願意喝自己販售的茶葉，可能代表的是茶葉品質不佳，消費者若購買可能就得三思而行。

烏龍茶的世界

——全方位茶職人30餘年心血結晶，從種茶、製茶、飲茶，告訴你烏龍茶風味的秘密

作　　者	陳煥堂、林世偉
封面設計	呂德芬
責任編輯	張海靜、黃鈺茹
行銷業務	郭其彬、王綬晨、邱紹溢
行銷企劃	陳雅雯、張瓊瑜、李明瑾、蔡瑋玲
副總編輯	張海靜
總 編 輯	王思迅
發 行 人	蘇拾平

出　　版　如果出版

發　　行　大雁出版基地
　　　　　地址 台北市松山區復興北路333號11樓之4
　　　　　電話 02-2718-2001
　　　　　傳真 02-2718-1258
　　　　　讀者傳真服務 02-2718-1258
　　　　　讀者服務信箱 E-mail andbooks@andbooks.com.tw
　　　　　劃撥帳號 19983379
　　　　　戶名 大雁文化事業股份有限公司

出版日期　2014年3月 初版
定　　價　480元
ISBN　978-986-6006-53-1

有著作權・翻印必究

歡迎光臨大雁出版基地官網
www.andbooks.com.tw
訂閱電子報並填寫回函卡

意翔村茶業有限公司

地址：台北市新生南路一段161巷6-2號
電話：02-2703-0394

國家圖書館出版品預行編目資料

烏龍茶的世界：全方位茶職人30餘年心血
結晶,從種茶、製茶、飲茶,告訴你烏龍茶
風味的秘密 / 陳煥堂, 林世偉著. ──初版
──臺北市 : 如果出版 : 大雁出版基地發行,
2014.03
　面；　公分
ISBN 978-986-6006-53-1(平裝)
1.茶葉 2.製茶 3.茶藝
434.181